国家示范校建设项目教材

After Effects CS5 特效制作案例教程

主　编	王万杰　贾利霞
副主编	程　洁　原旺周
参　编	张　庆　程远炳
	段琳琳　李鹏霄

 中国轻工业出版社

图书在版编目（CIP）数据

After Effects CS5 特效制作案例教程/王万杰，贾利霞主编．—北京：中国轻工业出版社，2022.7
国家示范校建设项目教材
ISBN 978 - 7 - 5184 - 0476 - 6

Ⅰ．①A… Ⅱ．①王… ②贾… Ⅲ．①图像处理软件—高等学校—教材 Ⅳ．①TP391.41

中国版本图书馆 CIP 数据核字（2015）第 134016 号

内容简介

本书共分十一个项目，在每个项目中分解为多个任务，在任务中以案例制作的形式，全面详细地讲解了影视合成基础知识、合成图像、通道和遮罩、动画控制、色彩校正、绘画和文本、抠像、二维粒子、跟踪与稳定、输入与输出等。在讲解 After Effects CS5 软件使用方法的过程中，本书还穿插经典案例分析，介绍了很多与之相关的知识和经验，有利于学生在学习软件的过程中拓宽专业知识。

本书的编写从培养技能型人才的需要出发，从课程的内容和教学方法等方面进行了探索和改革，以利于学生理论知识的掌握和实际操作技能的提高。

本书配备案例的素材和源文件，收录了全部案例的最终效果，对一些经典案例配备有录屏的操作文件，方便学生学习。

本书适合作为职业学校计算机应用、动漫游戏、数字媒体、平面设计等专业的教材，也可作为影视特效制作爱好者自学使用。

责任编辑：张文佳　　责任终审：劳国强　　封面设计：锋尚设计
版式设计：王超男　　责任校对：吴大朋　　责任监印：张京华

出版发行：中国轻工业出版社（北京东长安街 6 号，邮编：100740）
印　　刷：三河市万龙印装有限公司
经　　销：各地新华书店
版　　次：2022 年 7 月第 1 版第 6 次印刷
开　　本：720×1000　1/16　印张：15.25
字　　数：380 千字
书　　号：ISBN 978-7-5184-0476-6　定价：35.00 元
邮购电话：010－65241695
发行电话：010－85119835　传真：85113293
网　　址：http://www.chlip.com.cn
Email：club@chlip.com.cn
如发现图书残缺请与我社邮购联系调换
220744J3C106ZBW

前言

为了响应国家示范校建设和学校关于开发和编写校本教材的号召，根据学生对影视后期制作的兴趣，结合近几年教学的经验，我们编写了《After Effects CS5 特效制作案例教程》这本书。

After Effects 功能强大，易学易用，深受广大影视制作爱好者和影视后期设计师的喜爱，已经成为这一领域流行的软件之一。职业学校的计算机应用专业、平面设计专业、动漫游戏制作专业及其相关专业，都将 After Effects 作为一门重要的专业课程。

本书以案例的形式介绍 After Effects 的特效功能。全书分十一个项目。前五个项目主要介绍 After Effects 的基础知识和基本技能；项目六、项目七主要解读了特效的应用，项目八讲解影视特效的高级应用；后三个项目主要讲解片头制作和短片制作方法。

本书内容由浅入深，由易到难，适于职业院校学生及初入影视行业者学习使用。为了提高学生学习的积极性、灵活性、适用性、兴趣性和实践性，采用模块化结构、单元组合、任务驱动的模式。通过大量的制作案例，让学生掌握数字视频制作技巧，全书力求通过完整翔实的讲解及明确清晰的制作步骤，使读者用最简单的方式对软件的操作、经典特效的应用和动画功能的设置等有一个完整的认识，同时兼顾画面构图、色彩调整、三维合成等制作理念在案例中的融合。

全书共包括十一个项目，内容如下：

项目一：走进影视特效的世界，介绍影视特效的相关知识和基本技能。

项目二：图层的操作，通过对图层的管理，对图层的相关功能进行讲解和应用。

项目三：文字效果，主要学习文字的设置、文字属性及文字动画。

项目四：遮罩的力量，主要学习遮罩和路径对动画和特效的制作。

项目五：三维合成与仿真特效，主要学习三维在影视特效中的应用。

项目六：键控抠像处理技术，利用内置特效和外部插件，学习对抠像处理技术的掌握。

项目七：色彩修正与调色技巧，主要学习对图像色彩的处理和调色技巧。

项目八：跟踪、稳定与表达式技术，这是一个重要项目，是学习的重点。

项目九～十一：综合实例的制作，是各种知识和技能的综合运用。

这本书编成后，在计算机组经过多名教师的试用和检验，老师和同学反映教学效果良好，教材实用。

　　本书在编写过程中，受到了学校领导的大力支持和鼓励；得到计算机组全体老师的帮助和指导，他们提出了很好的建议和意见，在此表示深深的感谢。

　　为了方便教学，本书配有电子教学资料包，包括配套素材、电子教案。

　　本书由王万杰、贾利霞任主编，程洁、原旺周任副主编，参加编写的还有张庆、程远炳、段琳琳、李鹏霄等。由于时间紧迫，编者技术水平有限，书中难免有疏漏之处，敬请批评指正。

编者

2015 年 1 月

目录

CONTENTS

项目一 | 走进影视特效的世界

项目描述

影视特效不再是一个陌生的名词，但凡有声望的电影和电视节目都少不了影视特效镜头，如电视节目的栏目包装、新闻片头、产品广告甚至天气预报等都少不了特效合成技术和镜头，本项目主要讲解什么是影视特效合成、影视特效合成所需要的软件、After Effects CS5（简称 AE）的界面及其操作方法，并通过用 After Effects CS5 创作一个简单的动画实例来了解影视特效合成的工作流程。

学习重点

- ●了解影视特效合成的强大功能和常用的软件
- ●掌握 After Effects CS5 的界面及其操作方法
- ●掌握使用 After Effects CS5 进行影视特效合成的基本工作流程

任务一 视频特效亲密接触

1-1-1 任务概述

本任务通过欣赏几部电影片段的特效镜头和电视广告来讲述制作影视特效的幕后功臣——影视特效软件及相关知识。

1-1-2 任务要点

- ●在观察中发现特效镜头和场景
- ●查询制作特效有哪些软件
- ●了解与视频特效有关的知识

1-1-3 任务实现

【案例1】

影视特效欣赏

请观看本任务中介绍的几部电影片段及电视广告，找出它们中出现的影视特效镜头或场景。

（1）电影《阿凡达》。电影《阿凡达》的剧照如图1-1所示，该电影片长2小时41分钟，近3 000个特效镜头，总投资近5亿美元，展现了一个名叫潘多拉星球的奇异世界。影片最大亮点是采用真人拍摄的3D特效，立体感最强，给观众的感觉最真实。

图1-1　电影《阿凡达》的剧照

（2）电影《变形金刚2》。电影《变形金刚2》的海报如图1-2所示，它投资了1.95亿美元，其中大半都用在了战斗特效的制作上，花费了导演和近300名工业光魔的顶尖设计师的特效团队一年半的制作时间，其数据量达到140TB，刻成了350 000张DVD叠放在一起有45英尺高。电影《变形金刚2》用视觉特效创造的机器人，匪夷所思的令人叹为观止的战斗场面毫无疑问地成为了绝对主角，电脑特效（CGI）、现场特效、影片后期合成等大量技术的运用成就了这个影片的辉煌。

图1-2　电影《变形金刚2》的海报

（3）惠普笔记本电脑广告。惠普笔记本电脑广告视频截图如图1-3所示。该广告很有创意，展示了一个在镜头前的人边介绍边比划，和动作匹配的介绍内容随之以影像的方式出现在手上。手的动作和影像内容配合得非常好，这就是特效合成技术的应用之一。

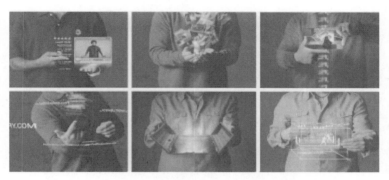

图1-3　惠普笔记本电脑广告视频截图

知识窗

播放制式	国家	水平线	帧频
NTSC	美国、加拿大、日本、韩国、中国台湾	525 线	29.97 帧/秒
PAL	澳大利亚、中国、欧洲、拉美	625 线	25 帧/秒
SECAM	法国、中东、苏联、非洲大部分国家	625 线	25 帧/秒

NTSC（National Television System Committee，美国电视系统委员会）

PAL（Phase Alternating Line，逐行倒相制）

SECAM（Sequentiel Couleur A Memoire，按顺序传送彩色与存储）

这3种制式之间存在一定的差异。在各个地区购买的摄像机或者电视机以及其他的一些视频设备，都会根据当地的标准来制造。如果是要制作国际通用的内容，或者想要在自己的作品上插入国外制作的内容，必须考虑制式的问题。

不同规格的电视像素的长宽比都是不一样的，在电脑中播放时，使用 Square Pixels（即1∶1 的像素比或方形像素比）；在电视上播放时，使用 D1/DV PAL（1.07）的像素比制作，以保证在实际播放时画面不变形。

帧速率：视频中每秒包含的帧数。PAL 制电视的播放设备使用的是每秒 25 幅画面，使用正确的播放帧速率才能流畅地播放动画。过多的帧速率会导致资源浪费，过少的帧速率会使画面播放不流畅，从而产生抖动，普通电视和 DVD 的分辨率是 720 像素 × 576 像素。软件设置时应尽量使用同一尺寸，以保证分辨率的统一。

过大分辨率的图像在制作时会占用大量制作时间和计算机资源，过小分辨率的图像则会使图像在播放时清晰度不够。

【案例2】

影视特效软件的分类

请在课余时间上网查询制作影视特效的各种软件，看看它们的界面并记住它们的名字。

专业的影视特效制作将涉及很多软件的协同使用，一般包括三维软件，合成软件以及跟踪软件。

目前市场上的影视特效合成软件，有价值上百万美元的高档软件，也有供爱好者使用的玩具式的软件。软件的分类方式有很多种，有的从使用平台来分类，也有的从面向的用户来分类，但一般比较倾向于从操作方式的角度把这些软件分为面向流程的合成软件和面向层的合成软件。

（1）面向流程的软件，它把合成画面所需要的一个个步骤作为单元，每一个步骤都接受一个或几个输入画面，对这些画面进行处理，产生一个输出画面。通过把若干步骤连接起来，形成一个流程，从而使原始的素材经过种种处理，最终得到合成结果。该类软件擅长制作精细的特技镜头，由于流程的设计不受层的局限，因此可以设计出任意复杂的流程，有利于对画面进行非常精细的调整，比较适合于电影特效之类对合成效果要求较高，而制作时间比较充裕的情况。

（2）面向层的软件，它把合成画面划分为若干层次，每个层次一般对应一段原始素材。通过对每一层进行操作，比如增加滤镜、抠像、调整运动等，使每一层画面满足合成的需要，最后把所有层次按一定的顺序叠合在一起，就可以得到最终的合成画面。本书介绍的 After Effects CS5 便是面向层的合成软件。此类软件具有较高的制作效率，比较直观，最易上手，制作速度较快，而且对于一般比较简单的合成镜头，可以很清晰地划分画面层次。这类软件比较适合电视节目这类质量要求相对较低，完成时间要求严格的情况。

知识窗

素材格式与输出格式

1. 常用图形图像文件格式

BMP 格式：BMP 是英文 Bitmap（位图）的简写，同时 Windows 操作系统中的标准图像文件格式，能够被多种 Windows 应用程序所支持。这种格式的特点是包含的图像信息较丰富，几乎不进行压缩，但由此导致了它占用磁盘空间过大。

GIF 格式：GIF 是英文 Graphics Interchange Format（图形交换格式）的缩写。顾名思义，这种格式是用来交换图片的。GIF 格式的特点是压缩比较高，磁盘空间占用较少，所以这种图像格式迅速得到了广泛的应用。GIF 格式只能保存最大 8 位色深的数码图像，所以它最多只能用 256 色来表现物体，对于色深复杂的物体它就力不从心了。尽管如此，这种格式仍在网络上大行其道，这和 GIF 图像文件短小、下载速度快、可用许多具有同样大小的图像文件组成动画等优势是分不开的。

JPEG 格式：JPEG 也是常见的一种图像格式，它的扩展名为 .jpg 或 .jpeg，其压缩技术十分先进，它用有损压缩方式去除冗余的图像和彩色数据，在获取极高的压缩率的同时能展现十分丰富生动的图像。换句话说，就是可以用最少的磁盘空间得到较好的图像质量。由于 JPEG 格式的压缩算法是采用平衡像素之间的亮度色彩来压缩的，因而更有利于表现带有渐变色彩且没有清晰轮廓的图像。当使用 JPEG 格式保存图像时，系统给出了多种保存选项，用户可以选择用不同的压缩比例对 JPEG 文件进行压缩，即压缩率和图像质量都是可选的。

TIFF 格式：TIFF（Tag Image File Format）是 Mac（苹果机）中广泛使用的图像格式。它的特点是图像格式复杂、存储信息多。正因为它存储的图像细微层次的信息非常多，图像的质量也得以提高，故而非常有利于原稿的复制。该格式有压缩和非压缩两种形式，其中压缩可采用 LZW 无损压缩方案存储。是目前在 Mac 和 PC 机上使用最广泛的图像文件格式之一。

PSD 格式：这是 Photoshop 的专用格式 Photoshop Document（PSD）。PSD 其实是 Photoshop 进行平面设计的一张草稿图，它里面包含有各种图层、通道、遮罩等多种设计的样稿，以便于下次打开文件时可以修改生成一次的设计。在 Photoshop 所支持的各种图像格式中，PSD 的存取速度比其他格式快很多，功能也很强大。

PNG 格式：PNG（Portable Network Graphics）是一种新兴的网络图像格式。PNG 是目前保证最不失真的格式，它汲取了 GIF 和 JPG 二者的优点，存储形式丰富，兼有 GIF 和 JPG 的色彩模式；它的另一个特点是能把图像文件压缩到极限以利于网络传输，但又能保留所有与图像品质有关的信息，因为 PNG 是采用无损压缩方式来减少文件的大小，这一点与牺牲图像品质以换取高压缩率的 JPG 有所不同。PNG 同样支持透明图像的制作，透明图像在制作网页图像的时候很有用，可以把图像背景设为透明。PNG 的缺点是不支持动画应用效果。

SWF 格式：利用 Flash 可以制作出一种后缀名为 SWF（Shockwave Format）的动画，这种格式的动画图像能够用比较小的体积来表现丰富的多媒体形式。

EPS 格式：EPS（Encapsulated PostScript）是 PC 机用户较少见的一种格式，而 Mac 的用户则用的较多。它是用 PostScript 语言描述的一种 ASCII 码文件格式，主要用于排版、打印等输出工作。

TGA 格式：TGA（Tagged Graphics）文件的结构比较简单，属于一种图形、图像数据的通用格式，在多媒体领域有着很大影响。是计算机生成图像向电视转换的一种首选格式。

2. 常用视频压缩编码格式

常用视频压缩编码格式：AVI、DV—AVI、MPEG、H.264、DivX、MOV、ASF、RM、RMVB 等。

AVI 格式：它的英文全称为 Audio Video Interleaved，即音频视频交错格式。所谓"音频视频交错"，就是可以将视频和音频交织在一起进行同步播放。这种格式的优点是图像质量好，可以跨多个平台使用。

DV—AVI 格式：Digital Video Format，目前非常流行的数码摄像机就是使用这种格式记录视频数据的。它可以通过电脑的 IEEE 1394 端口传输视频数据到电脑，也可以将电脑中编辑好的视频数据回录到数码相机中。扩展名一般也是 AVI，所以人们习惯叫它 DV—AVI。

MPEG 格式：Moving Picture Expert Group 运动图像专家组格式。家里常看的 VCD、SVCD、DVD 就是这种格式。是运动图像压缩算法的国际标准，他采用了有损压缩方法，从而减少运动图像中的冗余信息。目前 MPEG 格式有 3 个压缩标准，分别是 MPEG—1、MPEG—2 和 MPEG—4。

H.264 格式：是由 ISO/IEC 与 ITU－T 组成的联合视频组（JVT）制定的新一代视频压缩编码标准。它使运动图像压缩技术上升到了一个更高的阶段，在较低带宽上提供高质量的图像传输是 H.264 的应用亮点。

DivXgeshi：这是由 MPEG—4 衍生出的另一种视频编码（压缩）标准。也就是通常所说的 DVDrip 格式。其画质直逼 DVD，且体积只有 DVD 的数分之一。

MOV 格式：美国苹果公司开发的一种视频格式，默认的播放器是苹果的 QuickTime-Play。具有较高的压缩比率和较完美的视频清晰度等特点，但最大的特点还是跨平台性。

ASF 格式：Advanced Streaming Format，是微软为了和现在的 Real Player 竞争推出的一种视频格式，采用 MPEG—4 的压缩算法。

RM 格式：Networks 公司制定的音频视频压缩规范称之为 Real Media，可以根据不同网络传输速率制定出不同的压缩比率，从而实现在低速率的网络上进行影像数据实时传送和播放。

RMVB 格式：RM 视频格式升级延伸出的新视频格式。它的先进之处在于它打破了原先 RM 格式那种平均压缩采样的方式，在保证平均压缩比的基础上合理利用比特率资源，就是说静止和动作场面少的画面场景采用较低的编码速率。

3. 常用音频压缩编码格式

常用音频压缩编码格式：CD、MP3、WAV、MIDI、WMA 等。

CD：44.1kHz 的采样频率，近似无损，声音接近原声。

WAV：跟 CD 相差无几。

MP3：只有 WAV 文件的 1/10，而音质要次于 CD 或 WAV 格式。

WMA：音质胜于 MP3，优点是具有版权保护技术，适合在网络上在线播放。

【案例3】

常见的影视特效合成软件

（1）Digital Fusion，Digital Fusion（图1－4）是 Eyeon Software 公司推出的运行 SGI（一种高性能图形工作站）及 windows NT 系统上的一款功能强大、操作简单的专业非线性编辑软件，是许多电影大片的后期合成工具。如《泰坦尼克号》中就大量应用 Digital Fusion 来合成效果。Digital Fusion 具有真实的 3D 环境支持，是市场上最有效的 3D 粒子系统。

（2）Shako，Shako（图1－5）是 Apple 公司推出的主要用于影视制作的行业标准合成与效果解决方案，提供渲

图1－4　Digital Fusion

染功能。Shako 能以更高的保真度合成高动态范围图像和 CG（计算机图形图像）元素。许多荣获奥斯卡奖的影片都运用 Shako 来获得最佳视觉效果。

（3）After Effects，（图1-6）是 Adobe 公司产品，目前最新版本是 CS6。该软件简单易用，与 Adobe 的图形图像软件最易协作以及大量的插件，赢得了众多的拥护者。它借鉴了许多软件的成功之处，将影视后期特效合成提升到了新的高度。After Effects 可以对多层的合成图像进行控制，制作出天衣无缝的合成效果；关键帧、路径概念的引入，使 After Effects 对于控制高级的二维动画如鱼得水；高效的视频处理系统，确保了高质量的视频输出；而令人眼花缭乱的

图1-5　Shako

光效和特技系统，更使 After Effects 能够实现使用者的一切创意。After Effects 还保留了与 Adobe 软件优秀的兼容性，在 After Effects 中可以方便地调入 Photoshop 和 Illustrator 的层文件；premiere 的项目文件也可以近乎于完善的再现在 After Effects 中。现在 After Effects 已经被广泛地应用于数字电视、电影的后期制作中，而新兴的多媒体和互联网也为 After Effects 提供了宽广的发展空间。

本书将在后面以实例的形式介绍 After Effects CS5 的各种功能和操作技巧，让我们一起去感受 After Effects CS5 带来的神奇的影视特效世界吧。

图1-6　After Effects

能力拓展

请上网查询 After Effects 的版本历史，并了解 Adobe 公司的其他相关产品。

任务二 软件的初始设置

1-2-1 任务概述

After Effects 在使用前需要进行参数设置，这里将针对国内电视制作的要求对 After Effects 相关的几个重要参数进行初始设置。

1-2-2 任务要点

● 项目设置
● 首选项设置
● 合成项目设置

1-2-3 任务实现

【案例4】

项目设置

（1）打开 After Effects，系统会自动新建一个项目，默认状态下 After Effects 根据美国电视的 NTSC 制作进行初始化，而我国使用的是 PAL 制式，所以在国内使用 After Effects 的时候需要进行重新设置。

（2）选择菜单命令 – 项目设置，在弹出的项目设置对话框中设置显示风格区域中的时间码基准为 25fps，如图 1-7 所示。

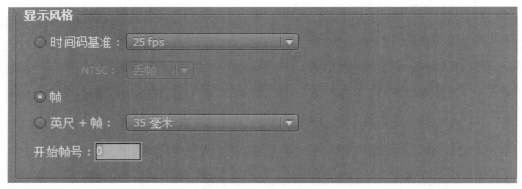

图 1-7　设置时间码基准

提示

时间码基准决定时间的基准，表示每秒含有的帧数，将它调整为 25fps，即为每秒 25帧，动画是以帧的模式显示。一英尺半长的胶片放映时长为 1 秒，通常电影胶片为每秒 24帧，PAL 和 SECAM 制式的视频为每秒 25 帧，NTSC 制式的视频为每秒 30 帧 。

（3）在项目设置对话框中还有色彩设置区域，其中的色彩深度为 8（每通道为 8 比特）。一般在 PC 机上使用时，8bit 的色彩深度已经可以满足要求。当有更高的画面要求时，可以选择 16bit 或 32bit 的色彩尝试。在 16bit 色彩深度的项目占导入 8bit 图像进行一些特效处理时，会导致一些细节的损失，系统会在其特效控制窗口中显示警告提示，如图1-8所示。

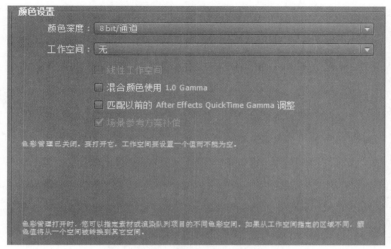

图1-8 设置颜色社区

【案例5】

首选项设置

（1）选择编辑菜单首选项，在弹出的参数对话框（常规），设置恢复操作级别的数量，这将影响以后操作中按CTRL＋Z键可恢复的级别，最高可以恢复到99级之前的操作，如图1-9所示。

图1-9 设置参数中常规项

（2）选择菜单命令首选项，在参数对话框中选择输入，设置序列图片脚本的导入方式为25帧/秒，即导入序列视频时每秒将以25帧静态图片来处理。

（3）选择菜单命令首选项，在参数对话框中选择自动保存，设置After Effects按时自动保存指定数量的历史版本，这对于重要的制作来说是一个保险设置。

（4）选择菜单命令首选项，在参数对话框中选择界面，设置亮度大小，增加界面的亮度，如图1-10所示。

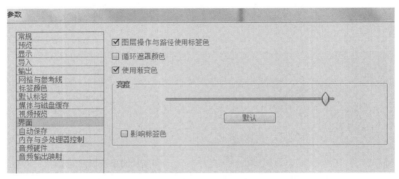

图1-10 设置亮度

【案例6】

合成项目设置

（1）选择菜单命令新建合成，合成名称选项可以设置合成的名字，按照电视标准，设置基础选项卡下的预设为 PAL D1/DV，尺寸为 720*576，其中宽为720，高为576，帧速率为25，设置开始时间为00：00：00，持续时间可以根据影片的需要进行设置，如图1-11所示。

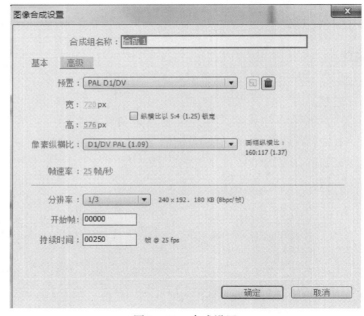

图1-11 合成设置

（2）根据影片的不同，可以自由更改设置，也可以将自定义的设置保存进来，以备重复使用，如果对设置好的合成项目不满意，可以对其进行修改，选择菜单命令合成设置，即可对合成项目进行相应的修改。

（3）这样就完成了 After Effects 软件的初始设置。安装完成 After Effects 后，第一次运行软件时一般都要对上面的选项进行一一设置，这样才能保证制作出来的视频符合电视台的播出标准，在以后每次打开软件后，最好都要检查一下设置是否正确。

技术回顾

本节主要介绍了 After Effects 软件中的几个重要设置，在项目设置对话框中将帧速率设置为每秒25帧，并且根据画面的需要设置好色彩的深度。在首选项对话框中设置导入图片序列的帧速率同样为每秒25帧，并设置要输出缓冲区和软件运行所需内存的大小。

另外，在合成设置对话框中也要设置影片的基本属性。

知识窗

AE CS5 界面介绍

AE CS5 允许用户定制自己喜欢的工作区布局，用户可以根据工作的需要移动和工作区中的工具箱和面板，下面将介绍 AE 的工作界面。

1. 菜单栏

AE CS5 提供了 9 项菜单，包含了软件的全部功能命令，如图 1 – 12 所示。

| 文件(F) | 编辑(E) | 图像合成(C) | 图层(L) | 效果(T) | 动画(A) | 视图(V) | 窗口(W) | 帮助(H) |

图 1 – 12　菜单栏

2. 项目面板

在项目面板中可看到每个导入到 AE CS5 中的文件及文件的类型、尺寸、时间长短、文件路径和创建的合成文件主、图层等，当选中某一文件时，在项目面板的上部将显示对应的缩略图和属性，如图 1 – 13 所示。

3. 工具面板

工具面板中包括了一些常用的工具，有些工具按钮不是单独的按钮，在其右下角有三角标记的都含有多重工具选项，命名如在钢笔工具上按住鼠标不放，即会展开新的按钮选项，移动鼠标可进行选择。

图 1 – 13　项目面板

工具面板中的工具如图 1 – 14 所示。

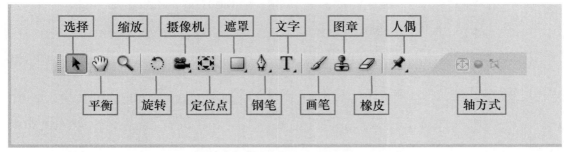

图 1 – 14　工具栏

AE CS5 启动后默认的工具是选择移动工具，工具栏的后面出现了和这个工具相关的坐标模式选项，分别是当前坐标系■、世界系■和视图坐标系■。

4. 合成预览窗口

合成窗口显示素材组合特效处理后的合成画面，如图1-15所示，该窗口不仅有预览功能，还有控制、操作、管理素材、缩放窗口比例、当前时间、分辨率、图层线框、3D视图模式和标尺等操作功能，是AE CS5中非常重要的工作窗口。

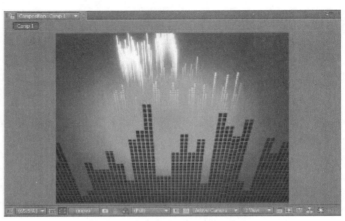

图1-15 合成预览窗口

5. 时间线面板

时间线面板的主要功能是控制合成中各种素材元素之间的时间关系。在时间线面板中，素材元素是按层排列的，每个层的长度表示它持续的时间，用户可在时间标尺中调整每个层在合成中的任何一点开始In（入口）或结束Out（出口）、显示或隐藏，如图1-16所示。

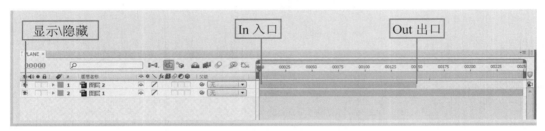

图1-16 时间线面板

6. 播放控制面板

播放控制面板包括播放、逐帧播放、逐帧倒放、回首帧、到末帧以及内存预览等按钮和一些选项设置，如图1-17所示。

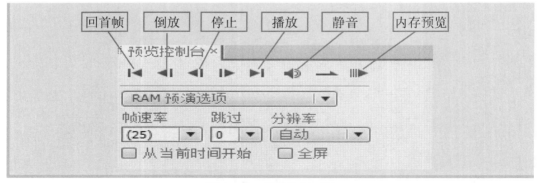

图1-17 播放控制面板

AE CS5的面板很多，但常用的主要是以上几种，其余面板将在后续模块中介绍。

1. 简述 After Effects 的面板功能。
2. 对 After Effects 相关的几个重要参数进行初始设置。

任务三 AE 基本操作流程

1-3-1 任务概述

本任务通过制作"日出东方"的简单动画来讲述 AE CS5 制作影视特效的工作流程。

1-3-2 任务要点

将一轮红日从宁静的山村后面升起,进入白云飘飘的空中动画,图 1-18 是该动画的一张截图。

图 1-18 日出东方

1-3-3 任务实现

● 新建项目文件和合成
● 文件导入

●创建固态层和形状图层

●创建关键帧位置动画

●调整图层顺序

●渲染和输出

【案例7】

日出东方动画

1. 新建项目文件

（1）启动 AE CS5。

（2）执行"文件→另存为"命令，弹出"另存为"对话框，选择好项目文件保存的位置并输入项目名称"日出东方"，然后单击保存按钮。

知识窗

通常启动 AE CS5 时都会打开欢迎对话框，在对话框左边部分列出了最近使用过的项目文件，右边部分随机出现一些实用的小提示，如果不想每次启动 AE CS5 时都出现对话框，可以将左下方"☑ 在启动时显示欢迎与每日提示窗口"项前的色去掉。

2. 新建合成

（1）执行"导入文件"（Ctrl + L）命令，弹出导入文件对话框，导入"素材/第一章/素材文件夹下"的"地面.png"和"白云.png"文件，然后打开按钮，将素材导入到 AE CS5 中。

（2）执行合成/新建合成（Ctrl + N）命令，弹出合成设置对话框，设置如图 1 - 19 所示的各项参数，单击 OK 完成设置并进入 AE 的工作界面。

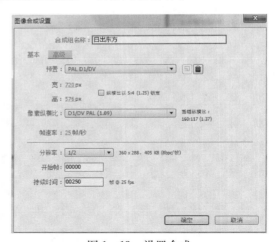

图 1 - 19　设置合成

知识窗

在合成设置对话框的各项参数中，预置后的下拉菜单中列出了软件预置的视频制式及分辨率。宽和高分别表示视频的宽和高。像素纵横比表示像素的宽高比，帧速率一般设置为 25 帧/秒。视频的分辨率，有全屏、半、三分之一、四分之一以及自定义设置五个选项。0：00：00：00 分别表示小时：分：秒：帧。持续时间表示该合成的时间长度。有两种表示方法，可用时间表示也可用帧数表示。

3. 绘制蓝天图层并拖入素材

（1）执行"层/新建/固态层"（Ctrl + Y）命令，弹出固态层设置对话框，用来创建固态层。设置/固态层的各项参数，单击 OK 完成设置。

知识窗

在每新建立一个固态层时，便会弹出固态层设置对话框。名称后的文本框可以输入该固态层的名字，方便后面操作中对该固态层的识别。大小表示该固态层的尺寸信息，一般默认。颜色中可以调该固态层的颜色。

图 1 - 20　特效控制台面板

（2）在时间线面板中的"蓝天"图层上单击右键，执行"特效/生成/渐变"命令，在特效控制台面板中设置渐变的开始颜色为蓝色（#00BAFF），结束颜色为土黄色（#CA9E05），如图 1 - 20 所示。

（3）将项目窗口中的"地面"和"白云"素材拖到时间线面板中，如图 1 - 21 所示。

图 1 - 21　时间线面板

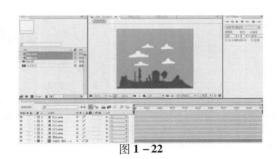

图 1 - 22

（4）选择"白云"图层，按 < Ctrl + D > 组合键复制图层，并用鼠标调整图片大小。如此多次操作，如图 1 - 22 所示。

4. 绘制太阳

（1）在不选择图层的情况下，在工具栏中选择椭圆工具，将填充颜色选择为红色（#FF0000），描边为 2 px，白色（#FFFFFF），如图 1 - 23 所示。

图 1 - 23

（2）按住 < Shift > 键和鼠标左键，在合成预览窗口中绘制一个太阳。

（3）单击该图层的变换可发现有一个位置属性。单击位置关键帧前的秒表图标，在合成窗口中将太阳拖到地平线下，再将时间标尺的游标拖到最后一帧，并在合成窗口中将太阳拖到白云后的位置，此时 AE CS5 将

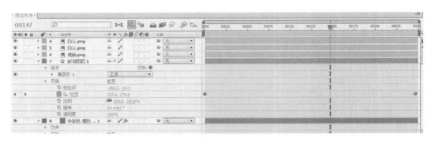

图 1 – 24

自动为当前帧添加关键帧，如图 1 – 24 所示。

（4）使用同样的方法，制作白云微微飘动的动画。按小键盘中的数字"0"键预览，可看到太阳升起，云彩飘动的动画。

（5）执行合成/创建影片命令，弹出将影片输出的对话框，输入名称"日出东方成品"，单击保存按钮，随后出现渲染序列面板，如图 1 – 25 所示。

图 1 – 25

（6）单击渲染序列面板上的渲染按钮将作品输出，输出后就可以使用播放器观看作品。

课堂练习

参考本任务中的实例制作太阳从地升起又落下的动画，地面场景及白云可使用 AE 中提供的工具自己绘制。

小结

本项目基础知识：

AE 的拼写，AE 的用途，合成软件，项目，合成，PAL 制式，NTSC 制式，图层，图层属性，入口，出口，固态层，形状图层，帧，关键帧，帧速率，分辨率，颜色深度，时间表示法，影片。

本项目基本技能：

项目设置，合成设置，首选项设置，固态层设置，创建固态层，创建形状图层，关键帧动画，渲染，导入，导出。

能力拓展

精彩的运动会开幕式。

项目评议

班级_____   姓名_____   任课教师_____

	案例名称	工作态度（优良差）	讲授情况（优良差）	完成情况（优良差）			综合评价	
				出勤	纪律	作业	100分	日期
1								
2								
3								
4								
5								
6								
7								
8								
9								
10								

注：1. 该项目评议期中或期末由教务人员每班抽查 5～10 名学生。

2. 该项目评议将作为该教师本学期教学效果考核的一项重要内容。

图层的操作

项目描述

　　熟悉 AE CS5 图层技术是后期编辑重要的一环，通过图层，制作人员可以设计不断变化的特技效果。本项目 AE CS5 图层的操作知识，主要涉及图层的管理、图层的分类、图层的属性、图层父子关系、图层蒙版等内容。

学习重点

- ●绘制一个简单场景
- ●使用人偶工作制作动画
- ●使用图形工具、人偶工具创作一部动画短片

任务一 图层的管理

2-1-1 任务概述

　　掌握多种创建图层的方法，创建图层文件夹，以及对图层的重命名，调整入点和出点等操作。

2-1-2 任务要点

- ●创建图层
- ●导入素材
- ●命名图层

●命名合成
●图层入口
●创建文件夹

2-1-3 任务实现

（1）打开软件 AE CS5，进入工作界面，用鼠标右键单击项目窗口空白区域，在弹出的菜单中选择"导入→文件"命令，选择 001、002、003、004 图层素材，单击确定按钮导入素材。

（2）拖拽项目窗口素材 004 到时间线布线中，创建合成 004；选择图层 004，按回车键，重命名为"风光 01"，单击标记色块，设置颜色为绿色，如图 2-1 所示。

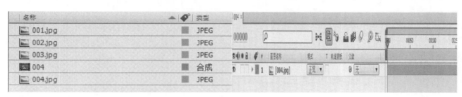

图 2-1

（3）单击项目窗口底端的新建文件夹按钮，创建一个文件夹，重命名为"图片"，将图片素材拖放到文件中，如图 2-2 所示。

图 2-2

（4）拖动图片素材 001 到合成的顶层，重命名为"风光 001"，单击标记色块，设置颜色为蓝色，如图 2-3 所示。

图 2-3

（5）将时间指针移动到第 75 帧或 3 秒，按 [键设置入点在 3 秒处，如图 2-4 所示。

图 2-4

（6）拖动 002 图片素材，放置到 004 合成中的"风光 001"上面，重命名为"风光002"，将时间指针移动到第 6 秒处，如图 2 - 5 所示。

图 2 - 5

（7）选择项目窗口中的 004 合成图标，按回车键，重命名为"图片合成"。

（8）选择主菜单"合成→新建合成"命令，创建新合成，命名为"风光校色"，如图 2 - 6 所示。

（9）拖动项目窗口中的"图片合成"图标到该合成的时间线中，如图 2 - 7 所示。

（10）在时间线面板中，单击合成"图片合成"选择卡，这时图片合成只有一个图层了。双击该图层名称，则打开"图片合成"合成，这时里面还是三个图层，如图 2 - 8 所示。

图 2 - 6

图 2 - 7

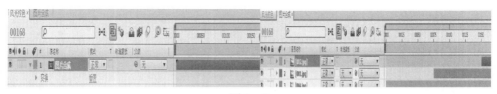

图 2 - 8

知识窗

图层的基本属性有五种。

1. Anchor Point（轴心点）

AE 中以轴心点为基准进行相关属性的设置。缺省状态下轴心点在对象的中心，随着轴心点的位置不同，对象的运动状态也会发生变化。当轴心点在物体中心时，旋转时，物体沿着轴心自转；当轴心点在物体时，则物体沿着轴心点公转。

以数字方式改变轴心点：

选中要改变轴心点的对象，按"A"键打开其"Anchor Point"属性。

在带下划线的参数栏上单击鼠标右键，在弹出的菜单中选"Edit Value"打开轴心点属性对话框。

在 Units 下拉菜单中选择计量单位，并输入新的轴心点。若图象为 3D 层的话，还可以显示 Z 轴数值栏，然后点 OK 即可。

轴心点的坐标相对于层窗口，而不是相对于合成图像窗口。

在合成图像窗口改变对象轴心点：在工具面板中选择轴心点工具，然后点选改变轴心点的对象拖动至新位置即可。

2. Position（位置）

AE 中可以通过数字和手动方式对层的位置设置：

以数字方式改变：选择要改变位置的层，在目标时间位置上按 <P> 键，展开其"Position"属性；在带下划线的参数栏上单击鼠标左键，或按住左键左右拖拉更改数据；也可以通过右键 Edit Value 来修改。

以手动方式改变，在合成图像窗口中选择要改变位置的层，然后拖动至新位置即可。按住键盘上的方向键，以当前缩放率移动一个像素；按住"Shift + 方向键"，以当前缩放率移动十个像素；按住 <Shift> 键在合成图像中拖动层，以水平或垂直方向移动；按住 <Alt + Shift> 组合键在合成图像中拖动层，使层的边逼近合成图像窗口的框架。

还可以通过移动路径上的关键帧来改变层的位置：选择要修改的对象，显示其运动路径；在合成图像中选中要修改的关键帧，使用选择工具拖动至目标位置即可。

3. Scale（比例）

以轴心点为基准，为对象进行缩放，改变其比例尺寸。

可以通过输入数值或拖动对象边框上的句柄对其设置，方法与前面类似。当以数字方式改变尺寸时，若输入负值的话能翻转图层。以句柄方式修改的话，确保合成图像窗口菜单中 View Options 的 Layer Handles 命令处于选定状态。

4. Rotation（旋转）

AE 以对象轴心点为基准，进行旋转设置。可以进行任意角度的旋转。当超过 360° 时，系统以旋转一圈来标记已旋转的角度，如旋转 760° 为 2 圈 40°，反向旋转表示负的角度。

同样可以通过输入数值或手动进行旋转设置：选择对象按 <R> 键打开其"Rotation"属性，可以拖拉鼠标左键或修改 Edit Value 改变其参数达到最终效果。

手动旋转对象：工具面板中选择旋转工具，在对象上拖动句柄进行旋转。按住 Shift 拖动鼠标旋转时每次增加 45°；按住键盘上的 + 或 – 则向前或后旋转 1°；按住 <Shift> 以及 " + " 或 " – " 则向前或后旋转 10°。

5. Opacity（透明度）

通过不透明度的设置，可以为对象设置透出下一个固态层图像的效果。当数值为

100%时，图像完全不透明，遮住其下图像；当数值为0%时，对象完全透明，完全显示其下图像。由于对象的不透明度是给予时间的，所以只能在时间线窗口中进行设置。

改变对象的透明度是通过改变数值来实现的，按住<T>键打开其属性，拖动鼠标或者右键调出 Edit Value 对话框进行设置。

能力拓展

制作如图所示的"城市掠影"栏目片头。

任务二 绘制一个场景

2-2-1 任务概述

本任务通过"绘制一个场景"的案例创作来讲述 AE CS5 形状工具的用法、属性的设置方法和形状图层的用法。

2-2-2 任务要点

●利用椭圆工具和形状图层绘制图案
●线性渐变和放射渐变
●形状图层中的添加项功能

2-2-3 设计效果

利用 AE CS5 中的形状工具来绘制蓝天、太阳、草地和花朵，完成一个简单场景的绘制。打开"素材/项目二→绘制卡通背景 . aep"文件，将看到如图 2-9 所示的效果。

图 2 - 9 效果图

2 - 2 - 4 任务实现

（1）按 < Ctrl + N > 组合键新建一个合成，参数设置如图 2 - 10 所示。

（2）在工具栏中选择矩形工具 ，在合成窗口绘制一个与合成窗口大小一样的矩形。此时会增加一个图层，修改该图层名字为"背景"（方法：选择图层，选择名称，回车，输入名称）。选中该图层，单击工具栏上的填充工具，弹出如图 2 - 11 所示的对话框，选中线性填充，然后单击按钮。

图 2 - 10 设置合成

（3）在工具栏上单击色块 填充 ，在弹出的对话框中设置如图 2 - 12 所示的深蓝（#3E8FEB）到浅蓝（#ACD2F5）的线性渐变。

图 2 - 11 填充选项设置

图 2 - 12 线性渐变设置

（4）在合成窗口中双击背景，修改两个调整点的位置改变渐变的方向，最后效果如图2-13所示。

图 2 - 13

图 2 - 14

（5）在不选中背景图层的情况下，选择工具栏中的矩形工具下的 ☆工具，在合成窗口中绘制一个五边形，此时会出现一个新的图层，绘制层命名为"太阳"。利用如上方法填充一个由深黄（#F47915）到黄色（#FFB400）的放射渐变。同时调整渐变的方向，其效果如图2-14所示。

（6）在时间线面板中选择太阳层，单击下三角形按钮，按"内容→星形→星形路"顺序依次展开，把顶点数修改为25。此时五角星变成25个顶点的图形，效果如图2-15所示。

图 2 - 15

（7）不选中任何图层，使用工具栏中的钢笔工具在合成窗口中绘制一个从深绿（#00FC24）到浅绿（#BFF5AC）的线性渐变草坪形状，并将此图层命名为"草坪"，效果如图2-16所示。

（8）选中草坪层，单击下三角形按钮，然后在如图2-17（a）所示的添加的下拉菜单中添加"将路径变成具有统一形式的锯齿状"属性，单击按钮展开此属性，按如图2-17（b）所示来设置参数值，此时草坪边沿变成了如图2-17（c）所示的锯齿状。

图 2 - 16

图 2 - 17（a）

After Effects CS5 特效制作案例教程

	▼ Z字形 1		
	◯ 大小	13.0	
	◯ 每段褶皱	3.0	
	◯ 点数	平滑 ▼	

图 2 – 17（b）

图 2 – 17（c）

（9）在合成窗口中绘制一个矩形，此时会增加一个图层，修改图层名称为"红花"，设置颜色值 FF0066，用同样的方法在添加的下拉菜单中添加一个"折叠和膨胀"属性，设置数量的值为 124 ，目的是为

 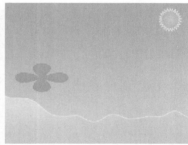

图 2 – 18

了图形向内凹陷，此时的矩形就会变成一朵花，效果如图 2 – 18 所示。

（10）选中红花层，绘制一个绿色（#00FC24）的矩形，用上面同样的方法为其添加一个扭曲属性，设置角度的值 30，此时的矩形会由图 2 – 19（a）变为图 2 – 19（b）所示的样子。

图 2 – 19（a）　　　　　　　　　　　　图 2 – 19（b）

（11）选中红花层，按 <S> 键展示缩放属性，设置缩放值为"67%"，按 <Ctrl

+ D >组合键复制红花层，并修改缩放值为"20%"。选中复制的图层，移动到"草坪"层的下面，这样一朵红花在草坪的上面而另一朵红花在草坪的下面，其效果如图2－20所示。

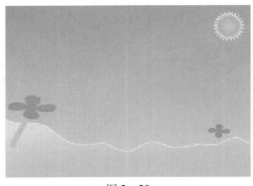

图2－20   图2－21

（12）在合成窗口中绘制一个如图2－21所示的由浅黄（#DFD80F）到深黄（#F95E00）的星形图案，并将星形图案所在的图层命名为"黄花"。

（13）选中黄花层，展开到多边形路径1属性，按如图2－22（a）所示设置参数值，其效果如图2－22（b）所示。

图2－22（a）

图2－22（b）

（14）再用制作红花花秆的方法制作黄花花秆。

（15）按 < Ctrl + S >组合键保存工程文件，然后按 < Ctrl + M >组合键渲染输出。

绘制一个水面场景。

任务三 绘制卡通人物

2-3-1 任务概述

AE CS5 能导入绘图软件所制作的图形文件，且本身也能完成一定的绘图功能。本任务通过"Q 版人物的绘制"来学习钢笔工具的用法，体验 AE CS5 绘图工具的能力。

2-3-2 任务要点

- ●形状工具的用法
- ●绘图工具的用法
- ●人偶工具的用法

2-3-3 设计效果

利用钢笔工具、填充工具等完成卡通人物的绘制。

打开"素材/项目二/卡通人物的绘制.aep"，可看到绘制效果，如图 2-23 所示。

图 2-23

2-3-4 任务实现

（1）按 < Ctrl + N > 组合键新建一个时长为 5 秒，名称为"人物"的合成。

（2）在工具栏中选择钢笔工具，在合成窗口中绘制一个如图 2-24 所示的脸型，颜色为（#fbdac1）（RGB：251，218，193），此时会增加一个图层，修改该图层的名称为"人物"。

图 2-24

（3）选中人物图层，使用钢笔工具绘制一个三角形用来作为眉毛（#ed181e）【另一个眉毛可用复制图层，修改该图层属性中的比例（取消比例前面的连接，在横向值前加"－"改变眉毛方向）来完成】。此时在人物图标下会添加一个形状图层，修改形状的名称为"眉毛"，其效果如图2－25所示。

图2－25

图2－26（a）

图2－26（b）

（4）选中人物层，利用钢笔工具勾画出眼睛的形状，填充红色（#FA4C00）到黑色（#000000）的渐变，绘制睫毛，如图2－26（a）所示，用复制/粘贴的方法完成眼睛的绘制，最后效果如图2－26（b）所示。

想一想

为什么要选中图层，如果不选中图层会出现什么情况？

_____

_____

（5）使用同样的方法，用钢笔工具绘制帽子、耳朵、嘴、手、身体和脚，效果如图2－27所示。帽子（#f01f1c），耳朵（#fcdcc0），嘴（# f55d7b），衣服（# ed2221）。

（6）为了使人物更可爱，需要为人物添加脸部腮红，新建固态层，颜色（#FF0000）。

（7）选中固态层，用圆形工具做两个遮罩，在遮罩属性中羽化值为100，人物绘制完成。

图2－27

课堂练习

利用钢笔等绘图工具绘制一个可爱的卡通形象。

小结

本项目主要学习了绘图工具和人偶工具，以及对色彩的运用。掌握本项目绘图基础知识，有利于在今后的影视工作中的提高。

能力拓展

利用绘画特效画一只可爱的小狗，并且执行回放，实现播放动画。

项目评议

班级_____　　　姓名_____　　　任课教师_____

案例名称	工作态度（优良差）	讲授情况（优良差）	完成情况（优良差）			综合评价	
			出勤	纪律	作业	100 分	日期
1							
2							
3							
4							
5							
6							
7							
8							
9							
10							

注：1. 该项目评议期中或期末由教务人员每班抽查 5～10 名学生。

　　2. 该项目评议将作为该教师本学期教学效果考核的一项重要内容。

项目三 文字效果

项目描述

AE CS5 的矢量绘图工具非常强大，它提供了对图形的多元化控制，并且利用独有的人偶系统，可以制作各种复杂的动作，本项目主要介绍 AE CS5 的矢量画图、人偶动画制作上的相关技术。

学习重点

- ●路径文字
- ●文字关键帧动画
- ●文字属性动画

任务一 路径文字

3－1－1 任务概述

本任务通过"路径文字"动画制作来讲述路径文字的应用。该方法不仅能制作运动文字动画、打散文字组合、改变文字形状，还可以改变文字颜色和大小。

3－1－2 任务要点

- ●路径文字的创建和设置
- ●路径文字动画的制作

3 - 1 - 3 任务实现

（1）按 < Ctrl + N > 组合键新建一个合成，时长 2 秒，如图 3 - 1 所示。

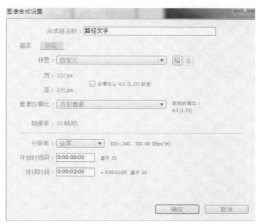

图 3 - 1　　　　　　　　　　　　　　　　　　图 3 - 2

（2）新建固态层，在主菜单中选择滤镜/旧版本/路径文字。打开路径文字对话框，输入"Adobe After Effects"，字体"Times New Roman"，样式为加粗，如图 3 - 2 所示。

（3）选择固态层，再选择钢笔工具，在合成预览窗口绘制如图 3 - 3 所示的路径。在图层的属性中添加一个遮罩属性。注意在时间线上移动指针，根据文字在路径上的运行位置，调整路径结束处的方向，保证最后文字在水平方向。

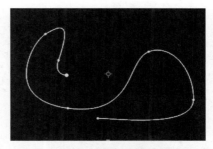

（4）展开效果，选择路径文字，单击字符前小三角形，把指针移到 0 秒处，单击大小前的码表，大小为 0，再把指针移到 1 秒 5 帧处，设置大小为 16，用于文字由无变大，如图 3 - 4 所示。

图 3 - 4

（5）同上展示段落，把指针移到 0 秒处，点击左侧空白前的码表，大小为 0，再把指针移到 1 秒 5 帧处，设置大小为 780，用于文字的运动，如图 3 - 5 所示。

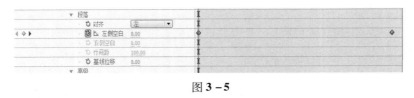

图 3 - 5

（6）把指针移动到时间线的 1 秒 5 帧，展开高级的抖动设置，点击四个抖动前的码表，设置关键帧，四个抖动设置的大小分别为 45、72、360、280。再把指针移动到 1 秒 10 帧处，四个抖动大小为 0，如图 3 - 6 所示。

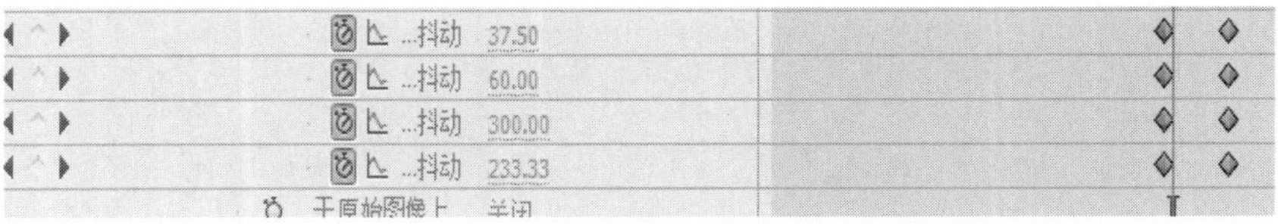

图 3 - 6

能力拓展

利用路径文字制作文字"After Effects CS3"围绕一个圆旋转。

任务二 手写字效果

3 - 2 - 1 任务概述

手写字（书法效果）是经常用到的影视特效，实现该特效方式有很多，After Effect CS5 可以轻松地实现流畅的手写字效果。制作过程中需要使用矢量绘图工具，配合用关键帧控制各个笔画的速度，来自由调节手写字的出现方式。

3 - 2 - 2 任务要点

- 掌握矢量绘图工具的操作技巧
- 掌握仿制图章工具的操作技巧

3-2-3 设计效果

（1）创建一个预置为 PAL D1/DV 的合成，命名为"手写字"，设置时间长度为 5 秒，分辨率设为 720 * 576，具体参数设置如图 3-8 所示。

图 3-7 写字效果

图 3-8   图 3-9

（2）鼠标选择工具栏中"文字"工具，在合成监视窗中单击，新建文字层。给该层命名为"文字层"，在文字层中输入"流水"二字，如图 3-9 所示。

（3）在"文字"属性面板中，设置文字字体为"方正黄草简体"，字体大小为 100px，字间距为 52px，颜色设置为 RGB（124，88，6），如图 3-10 所示。

（4）鼠标单击文字层，按 < Ctrl + D > 组合键 4 次，制作 4 个文字层的副本，如图 3-11 所示。

（5）选中最上层"文字层 5"，在合成窗口中用"钢笔"工具勾出范围，定义出该层所包含的区域，如图 3-12 所示。

图 3-10

图 3-11

（6）选中"文字层4"，在合成窗口中用"钢笔"工具勾出第2个笔画的范围，如图3-13所示。

图 3-12　　　　　　　　　　　　　　　　　图 3-13

（7）选中"文字层3"，在合成窗口中用"钢笔"工具勾出第3个笔画的范围，如图3-14所示。

（8）选中"文字层2"，在合成窗口中用"钢笔"工具勾出第4个笔画的范围，如图3-15所示。

图 3-14　　　　　　　　　　　　　　　　　图 3-15

（9）选择"文字层5"，选择菜单命令"效果→绘图→矢量绘图"，添加矢量特效，如图3-16所示。

（10）在特效控制面板中展开"画笔"设置，将"半径"设置为20，"播放模式"选择"动画描边"，"播放速度"设置为8，如图3-17所示。

（11）选中"矢量绘图"特效，在窗口中，按照书写的笔画顺序绘制用钢笔工具勾画出的部分，如图3-18所示。

图3-16

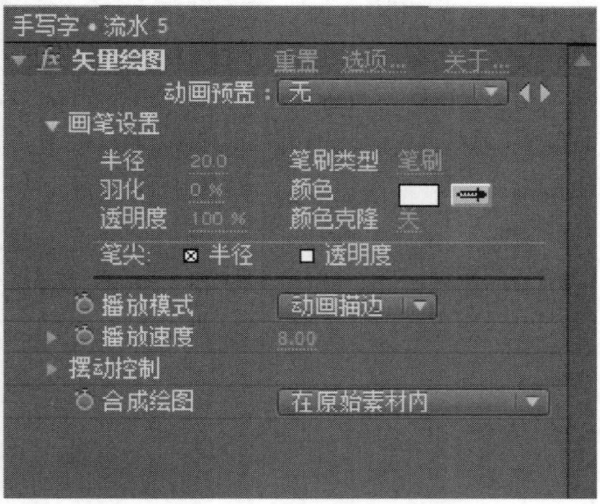

图3-17

（12）将矢量绘图特效中的"合成绘图"选为"作为蒙版"，以便预览绘制效果。

（13）选择"文字层4"，选择菜单命令"效果→绘图→矢量绘图"，添加矢量特效。在特效控制面板中展开"画笔"设置，将"半径"设置为20，"播放模式"选择"动画描边"，"播放速度"设置为12，选中"矢量绘图"特效，在窗口中，按照书写的笔画顺序绘制用钢笔工具勾画出的部分，如图3-19所示。

图3-18

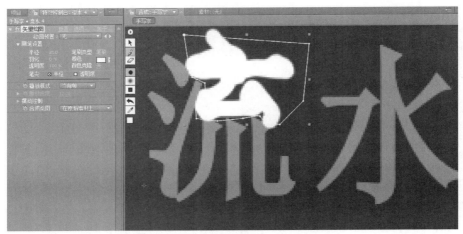

图 3-19

（14）将矢量绘图特效中的"合成绘图"选为"作为蒙版"，以便预览绘制效果。

（15）选择"文字层3"，选择菜单命令"效果→绘图→矢量绘图"，给"文字层3"添加矢量特效。在特效控制面板中展开"画笔"设置，将"半径"设置为20，"播放模式"选择"动画描边"，"播放速度"设置为12，选中"矢量绘图"特效，在窗口中，按照书写的笔画顺序绘制用钢笔工具勾画出的部分，如图3-20所示。

图 3-20

（16）将矢量绘图特效中的"合成绘图"选为"作为蒙版"，以便预览绘制效果。

（17）选择"文字层2"，选择菜单命令"效果→绘图→矢量绘图"，添加矢量特效。在特效控制面板中展开"画笔"设置，将"半径"设置为20，"播放模式"选择"动画描边"，"播放速度"设置为12，选中"矢量绘图"特效，在窗口中，按照书写的笔画顺序绘制用钢笔工具勾画出的部分，如图3-21所示。

（18）将矢量绘图特效中的"合成绘图"选为"作为蒙版"，以便预览绘制效果。

（19）选择"文字层"，选择菜单命令"效果→绘图→矢量绘图"，给"文字层"添

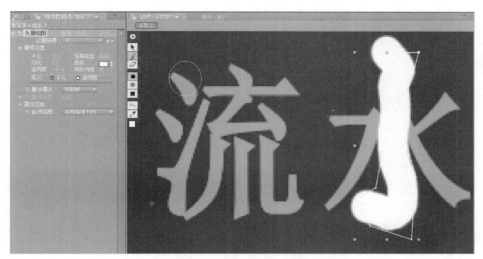

图 3-21

加矢量特效。在特效控制面板中展开"画笔"设置，将"半径"设置为20，"播放模式"选择"动画描边"，"播放速度"设置为12，选中"矢量绘图"特效，在窗口中，按照书写的笔画顺序绘制用钢笔工具勾画出的部分，如图 3-22 所示。

图 3-22

（20）将矢量绘图特效中的"合成绘图"选为"作为蒙版"，以便预览绘制效果。

（21）最后按住"0"键预览画面效果，可以看文字被写出，如图 3-23 所示。

图 3-23

知识拓展

下面介绍"仿制图章工具"的使用，用"仿制图章工具"制作虾米游动的动画效果。

1. 按 <Ctrl + N> 组合键新建一个名称为"虾游动"的合成。

2. 按 <Ctrl + Y> 组合键打开"导入文件"对话框，选择"虾米.tga"文件，勾选"目标序列"选项，将序列导入。

3. 将虾序列素材拖拽到"虾游动"合成中，为虾素材制作"位置"关键帧动画。

4. 按 <Ctrl + N> 组合键新建一个名称为"虾克隆"的合成，将"虾游动"合成拖拽到"虾克隆"合成中。

5. 按 <Ctrl + Y> 组合键新建一个白色固态层，命名为"克隆1"，这个图层将作为克隆第1只虾的目标图层。在工具栏中设置"工作区"为"绘画"模式，在"时间线"窗口中分别双击"虾游动"图层和"克隆1"图层，让这两个图层分别在各自的"图层"窗口显示。按 <Ctrl + Shift + Alt + N> 组合键，将预览窗口进行并列放置，调整好各个窗口的位置。

6. 在工具栏中选择"仿制图章工具"，按住 Alt 键同时在"虾游动"图层的预览窗口中选择采样点的"源位置"。将当前时间滑块拖拽到起始处，在"克隆1"图层的预览窗口的合适位置单击鼠标进行仿制操作。

7. 展开"克隆1"图层的"绘画"属性，设置"在透明上绘画"为"On"。在"仿制1"选项组下设置"描边选项"的"直径"为674.4，"仿制位置"为（715.3，574.1），"仿制时间"移动为00：00：00：22秒。最后在"变换：仿制1"选项组下设置"轴心点"为（0，0），"位置"为（772.8，101.5），"大小/缩放"为（120，120%），"旋转"为（0*，-40）。

8. 采用相同的方法再仿制出两只虾米，为合成添加一张背景画面，设置虾米图层的"模式"为"变暗"。

能力拓展

利用绘画特效制作动画。

3 – 3 – 1 任务概述

本任务通过"飞舞的文字"动画制作来讲述文字图层属性的应用。该方法不仅能制作文字飞舞、修改文字颜色和大小，还可利用其缩放属性完成音阶的制作。

3 – 3 – 2 任务要点

- 利用椭圆工具和形状图层绘制图案
- 线性渐变和放射渐变
- 形状图层中的添加项功能

3 – 3 – 3 设计效果

打开"素材/项目三/飞舞的文字. mov"文件，将看到文字飞舞的动画效果，图 3 – 24 是该动画的截图。

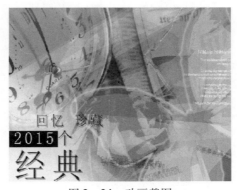

图 3 – 24　动画截图

3 – 3 – 4 任务实现

（1）按 < Ctrl + N > 组合键新建一个合成，其参数如图 3 – 25 所示。

（2）右键单击，选择导入→文件，导入 001. jpg 背景图片。

（3）把 001. jpg 图片拖放到飞舞的文字合成窗口，调整图片大小，充满合成预览窗

图 3 – 25

口，如图 3 – 26 所示。

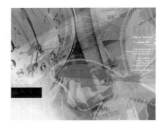

图 3 – 26

（4）创建文字图层，输入"回忆、珍藏、2015 个、经典"，在珍藏、2015 个光标之后回车，分成三行，在文字面板上设置：

第一行文字：大小：46，行距：60，字符间距：160，字体：\〔FZYBKSJW\〕；

第二行文字：大小：56，其他不变；

第三行文字：大小：112，其他不变；效果如图 3 – 27 所示。选择该文字图层，回车后输入图层名称为"回忆珍藏 2015 个经典"。

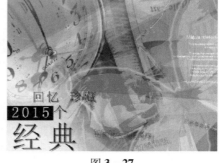

图 3 – 27

（5）在主菜单"效果和预置"面板中输入斜面，选择透视滤镜中的 斜面 Alpha 并拖动到文字图层上，弹出斜面 Alpha 设置面板，保持默认即可，如图 3 – 28 所示。

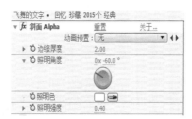

图 3 – 28

（6）同上面方法，选择透视滤镜中的阴影效果，默认即可，给文字添加阴影效果，如图 3－29 所示。

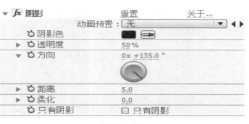

图 3－29

（7）展开文字图层属性，单击动画属性，选择定位点，生成动画 1，展开动画 1，设置定位点（0，－30），如图 3－30 所示。

图 3－30

（8）同上添加动画属性，生成动画 2，展开动画 2，单击添加属性，选择特性，再选择位置、比例、旋转，选择填充中的色相，如图 3－31 所示。

（9）在时间线上把指针调整到 0 秒位置，点击动画 2 中的位置、比例、旋转、填充色色调前的码表，设置关键帧，设置位置（400，400），比例（600%，600%），旋转（115°），填充色色调（60°），如图 3－32 所示。

图 3－31

图 3－32

（10）在时间线上把指针调整到 4 秒位置，在动画 2 中设置位置（0，0），比例（100%，100%），旋转（0°），填充色色调（0°），如图 3 - 33 所示。

图 3 - 33

（11）选择动画 2 中的添加属性，选择—摇摆，添加摇摆属性，设置波动选择 1，波动/秒由 2 改为 0，相关性由 50% 改为 73%，时间相位由 0x + 0° 改为 2x + 0°，空间相位由 0x + 0° 改为 2x + 0°，单击时间相位和空间相位前的码表，设置关键帧，如图 3 - 34 所示。

（12）在时间线上把指针调整到 1 秒处，设置时间相位为 2x + 200°，空间相位为 2x + 150°；在 2 秒处设置时间相位为 4x + 160°，空间相位为 4x + 125°；在 3 秒处

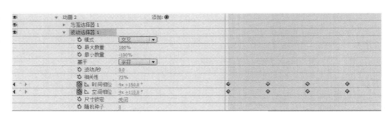

图 3 - 34、图 3 - 35

设置时间相位为 4x + 150°，空间相位为 4x + 110°，如图 3 - 35 所示。

（13）在图层的变换属性中调整文字位置，使文字处于合适的地方。

（14）按空格键，预览效果。

能力拓展

利用 Vector Paint（矢量绘画）特效制作视频切换效果。

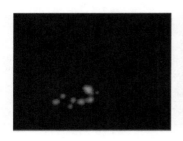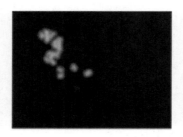

3-4-1 任务概述

本任务通过制作"烟雾文字"实例来学习使用滤镜制作特效文字动画。

3-4-2 任务要点

● 执行"特效→透视→Alpha 倒角"命令

● 执行特效→色彩校正→色阶命令

3-4-3 设计效果

动画截图如图 3-36 所示。

（1）创建一个新的合成，并命名为"合成1"，设置其大小为 720 ∗ 560，时间长度为 6s。

（2）选择文字工具，在合成窗口中输入"After Effects CS5"，参数设置及效果如图 3-37所示。

图 3-36　飘烟文字动画截图　　　　　　图 3-37

（3）执行"特效→透视→Alpha 倒角"命令，为文字添加立体效果。

（4）在项目面板中新建一个合成，命名为"合成2"。在合成2中，按 < Ctrl + Y > 组合键新建一个固态层，设置层颜色为灰色（#4B4B4B），选中新建的固态层，执行"特效→噪波 & 颗粒→分形噪波"，命令，为其添加一个分形噪波，其效果如图 3-38 所示。

（5）在合成2中，展开特效面板，如图 3-39 所示。在 0 秒时设置演化值为（0x + 0.0），在 6 秒时设计演化值为（4x + 0.0）。

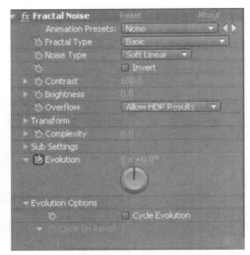

图 3 - 38   图 3 - 39

（6）执行"特效→色彩校正→色阶"命令，为固态层添加色阶特效。参数设置及效果如图 3 - 40 所示。

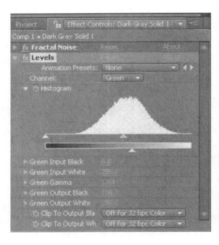

图 3 - 40

（7）在时间线面板中选中固态层，在工具栏中选择矩形工具，然后在合成窗口中添加一个遮罩，在时间线面板中展开遮罩属性，在 0 秒时，单击遮罩移到合成窗口中，效果如图 3 - 41 所示。

（8）在项目面板中，选中合成 2，按 < Ctrl + D > 组合键复制出一个合成，重新命名为"合成 3"。

（9）双击打开合成 3，为固态层添加"特效→色彩校正→曲线"特效，参数设置及效果如图 3 - 42 所示。

（10）按 < Ctrl + N > 组合键，创建一个新的合成，命名为"合成 4"。按 < Ctrl + Y > 组合键在合成 4 中新建一个固态层。执行"特效→生成→渐变"命令，创建一个渐变背景，参数设置及效果如图 3 - 43 所示。

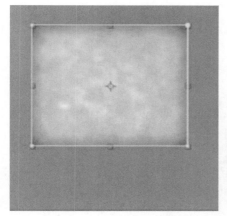

图 3 – 41

图 3 – 42

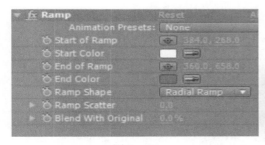

图 3 – 43

图 3 – 44

（11）在合成 4 时间线中，将前面制作的 3 个合成全部拖入合成 4 中，关掉合成 2 和合成 3 的显示图标，图层面板如图 3 – 44 所示。

（12）在时间线面板中，选择合成 1 图层，执行"特效→模糊＆锐化→混合模糊"命令，其主要用来将前面制作的噪波动画变成烟雾。展开混合特效，在模糊层的下拉菜单中选择合成 3。再执行"特效→扭曲→转换映射"命令，其目的是通过噪波动画来进行贴图置换以影响文字的最终效

图 3 – 45

果。其参数设置和效果，如图 3 – 45 所示。

（13）按 < Ctrl + S > 组合键保存工作文件，然后按 < Ctrl + M > 组合键渲染输出。

课堂练习

制作手写字动画。

 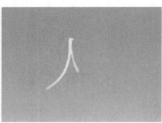 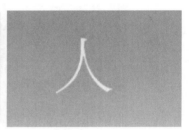

小结

本章主要学习了创建文字的方法、文字属性的设置、文字特效的设置以及路径文字的应用，使我们对文本的应用有了全面的认识。

能力拓展

1. 利用 Vector Paint（矢量绘画）特效制作视频切换效果。

2. 制作如图所示的路径文字效果。

项目评议

班级_____   姓名_____   任课教师_____

	案例名称	工作态度（优良差）	讲授情况（优良差）	完成情况（优良差）			综合评价	
				出勤	纪律	作业	100分	日期
1								
2								
3								
4								
5								
6								
7								
8								
9								
10								

注：1. 该项目评议期中或期末由教务人员每班抽查 5～10 名学生。

2. 该项目评议将作为该教师本学期教学效果考核的一项重要内容。

遮罩的力量

项目描述

1. 学习遮罩工具的创建与应用。
2. 学习路径工具的创建与应用。

学习重点

● 了解 After Effects 中应用遮罩的基本思路和技巧
● 熟悉遮罩描点的添加和移动的相关操作
● 掌握用遮罩形状制作动画的技巧

任务一 认识遮罩工具

4-1-1 任务概述

主要对遮罩工具有个初步的了解，理解遮罩工具合成的工作环境，进一步掌握遮罩工具的创建与应用。

4-1-2 任务要点

● 遮罩的使用
● 图层混合模式的添加

4-1-3 任务实现

【案例1】

遮罩工具的创建与应用

遮罩是所有处理图形图像的应用程序所依赖的合成基础。计算机以 Alpha 通道来记录图像的透明信息。当素材不含 Alpha 通道时，则需要通过遮罩来建立透明区域，如图4-1所示。

知识窗

After Effects CS5 中，遮罩工具可以作为层绘制任意大小的矩形和椭圆形，其中快捷键为 < Q > 键，可以直接在合成窗口和层中拖拽绘制标准图形。

图4-1　应用遮罩前后的效果

1. 控制素材显示范围的三种方式

在 AE 中，层的透明区域信息主要用下列术语来定义：

Alpha 通道：一个包含在层或素材项中定义透明区域的不可见通道。对于素材，Alpha 通道提供了一种在同一文件中既存储素材信息又保存其透明信息的方式，并且 Alpha 通道不干扰素材彩色通道。

MASK（遮罩）：一个路径或轮廓图，用于修改层的 Alpha 通道。当在 AE 中画一个透明区域，则使用。遮罩用于指定的层，每个层可以有多个遮罩，最多可建立 128 个开放或封闭遮罩。

知识窗

开放的路径遮罩只起到路径功能，不能产生透明区域；封闭的路径才能起到透明的功能。

2. 使用工具面板中的工具创建遮罩

如图4-2所示。

图 4 - 2

利用这三种工具可以绘制三种类型的遮罩：

矩形遮罩：利用矩形遮罩工具可以在层上创建一个矩形或者正方形遮罩。

椭圆遮罩：利用椭圆工具在层上可以创建一个椭圆或者圆形的遮罩。

贝塞尔曲线遮罩：使用钢笔工具可以绘制任意形状的遮罩，在钢笔工具中可以选择添加顶点、删除顶点和顶点调整工具来调整遮罩的形状。这种遮罩是最灵活的。

（1）创建矩形遮罩的方法。

步骤 1　在工具面板上选择矩形遮罩工具或者椭圆遮罩工具。

步骤 2　在层窗口中显示目标层，或者在时间线窗口中选定目标层，然后在合成窗口中使该目标层可见。找到目标层的遮罩起始位置，按住鼠标左键拖动，在结束位置松开鼠标，即可创建一个遮罩。拖动时按住 < Shift > 键可以创建正方形遮罩。拖动时按住 < Ctrl > 键可以从遮罩中心建立遮罩，如图 4 - 3 所示。

图 4 - 3

（2）钢笔工具创建遮罩的方法。

步骤 1　在工具面板上选择钢笔工具。

步骤 2　在层窗口中显示目标层，或者在时间线窗口中选定目标层，然后在合成窗口中使该目标层可见。

步骤 3　找到目标层的遮罩起始位置，点击鼠标左键，每次点击一下，产生一个控制点，移动鼠标到第二个控制点的位置，单击鼠标产生第二个控制点，它与上一个控制点以直线相连。

图 4 - 4

步骤 4　按照上面的操作，绘制线段，通过单击第一个控制点或者双击最后一个控制点来封闭路径，如图 4 - 4 所示。

【案例2】

画轴的打开

下面利用修改遮罩属性，制作一个画轴慢慢展开的动画。在制作该动画的过程中，学习遮罩锚点的添加和移动的操作，掌握通过遮罩形状变化制作动画的技巧。本案例的最终效果，如图4-5所示。

图4-5　动画最终效果

操作步骤

（1）执行菜单栏中的"文件→导入→文件"命令，或者按 < Ctrl + I > 组合键打开"导入文件"对话框，选择"画轴.psd"文件。在"导入类型"右侧的下拉框中选择"合成"命令，如图4-6所示。

（2）单击"确定"按钮，将素材导入到"项目"面板，导入后的素材效果如图4-7所示。"项目"窗口中出现一个名字为"画轴"的合成文件和一个文件夹。

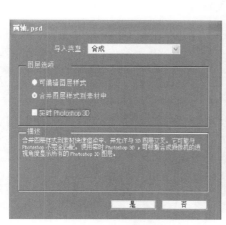

图4-6　选择合成方式导入　　　图4-7　导入到工程窗口中的素材

知识窗

After Effects 中可以直接导入 Photo-shop（＊.psd）等带有层的文件。可以选择导入为素材、合成－修剪图层、合成三种方式。

（3）在"项目"面板中，双击"画轴"合成文件，打开"画轴"合成。从合成监视窗中可以看到"画轴"合成的画面效果，如图4－8所示。

（4）在"时间线"面板中可以看到"画轴"合成文件所带的3个层，它们分别是"画面"、"画轴"、"梅花"，如图4－9所示。

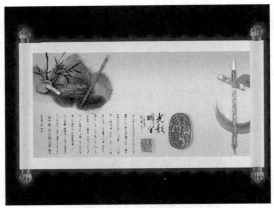

图4－8　"画轴"合成的画面效果

图4－9　"画轴"合成文件所带的3个层

（5）执行菜单中的"合成→合成设置"命令，打开"合成设置"对话框，设置"持续时间"为6秒，修改合成的持续时间，如图4－10所示。

（6）在时间码位置单击，或者按＜Alt＋Shift＋J＞组合键打开"跳转到时间"对话框，输入时间为"00：00：00：00"，如图4－11所示。

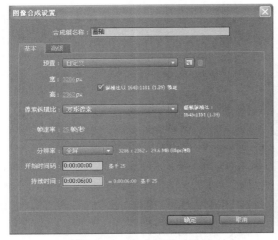

图4－10　合成设置对话框

图4－11　"跳转到时间"对话框

（7）在"时间线"面板中，展开"画轴"层参数，单击"位置"参数前的码表按钮，在时间线位置标尺处为"位置"设置一个关键帧，如图 4 - 12 所示。

图 4 - 12　给"位置"设置关键帧

（8）在时间码位置单击，或者按 < Alt + Shift + J > 组合键打开"跳转时间"对话框，将时间线位置标尺调整到"00：00：06：00"的位置。在合成窗口中按住 < Shift > 键拖动画轴到画面的最左侧，系统将自动在该处创建关键帧，如图 4 - 13 所示。

图 4 - 13　移动画轴位置，设置关键帧

知识窗

After Effects 中按 < Shift > 键拖水平直线。

（9）拖动时间线上的位置标尺，预览画轴移动的效果，其中的几帧画面如图 4 - 14 所示。

图 4 - 14　画轴移动动画中的两帧画面

（10）位置标尺定位在 00：00：00：00 处，在"时间线"面板中，选择"画面"层，单击工具栏中的"钢笔工具"按钮，使用钢笔工具在图像上绘制一个遮罩轮廓，如图 4 - 15 所示。

图 4 – 15 绘制遮罩轮廓

知识窗

After Effects 中在目标层上单击右键，在弹出的快捷菜单中选择"遮罩→新建遮罩"命令，新建一个遮罩。系统默认自动沿目标层边缘建立一个矩形区域。

（11）展开"画面"层参数，在"遮罩"选项中，单击"遮罩路径"左侧的码表按钮，在位置标尺处添加一个关键帧，如图 4 – 16 所示。

图 4 – 16 在 00：00：00：00 帧位置添加关键帧

（12）在"合成"窗口中，利用"选择工具"选择锚点，调整锚点位置，微调遮罩形状。在两个锚点中间的路径上，利用"添加锚点工具"添加锚点，添加完锚点后的画面，如图 4 – 17 所示。

（13）将位置标尺调整到"00：00：06：00"的位置，利用"选择工具"，将添加的锚点向左移动，直到出现完整的卷轴画面，如图 4 – 18 所示。

图 4 – 17 遮罩中出现第 5 个锚点

图 4 – 18 移动锚点的位置

（14）为了在开启画轴的过程中出现让梅花慢慢生长出来的效果，需要为梅花添加遮罩，并为遮罩形状设置动画。选择"梅花"图层，并向右拖动，将图层起始点移到梅花开始出现的位置，本例为"00：00：02：00"处，如图4－19所示。

图4－19　移动梅花图层

知识窗

After Effects 路径工具主要用于绘制不规则文遮罩图形或不闭合的遮罩路径，其中快捷键为＜G＞键，可以很容易地把图像中一个不规则的物体圈出来，还可以在时间线上记录路径参数和位置动画。

（15）选择"梅花"层，在"00：00：02：00"处时，单击工具栏中的"钢笔工具"按钮，使用钢笔工具在图像上绘制一个遮罩轮廓，如图4－20所示。

（16）在"时间线"面板中，展开"梅花"层选前位置标尺处添加一个关键帧，如图4－21所示。

（17）将位置标尺调整到"00：00：03：00"处，再合成监视窗口，利用"选择工具"选择锚点并进行位置调整，利用"添加锚点工具"添加锚点，调整后的效果，如图4－22所示。

图4－20　为梅花绘制遮罩

图4－21　添加梅花的第一个遮罩关键帧

图 4-22　调整锚点后的效果

知识窗

After Effects 锚点工具主要用于设置遮罩形状顶部、底部、左侧和右侧的尺寸。

（18）将位置标尺调整到时间点为"00：00：04：00"和"00：00：05：00"，通过锚点控制遮罩形状，制作梅花生长动画。调整完锚点的画面效果，如图4-23、图4-24所示。

图 4-23　4 秒处的遮罩效果

图 4-24　5 秒处的遮罩效果

（19）预览梅花生长过程，此时梅花出现的效果比较生硬。调整遮罩的"羽化值"，将羽化值参数设为15，如图4-25所示。

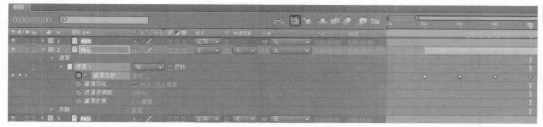

图4-25　调整遮罩的羽化值

（20）拖动时间线上的位置标尺，预览动画，也可以按小键盘上的<0>键预览最终动画效果。随着画面的展开，梅花逐渐绽放，如图4-26所示。

图4-26　画轴打开的动画效果

知识窗

在After Effects CS5中任何选区都是一个遮罩，无论是使用快捷遮罩、选区工具或者其他工具建立的选区。任何对图像的编辑、调整等命令将用于当前激活选区的限制区域。利用遮罩还可以删除选区内的元素。

课堂练习

参考本任务中的实例制作遮罩工具、钢笔工具的动画和画轴的展开动画。在这些遮罩案例的基础上，只要稍加扩展，就可以制作出文字过光、透光之类的效果，操作方法相同。读者在掌握本例操作后，可以尝试文字过光、透光之类的制作。

小结

我们学习了遮罩以及应用，通过灵活多变地使用它们，可以充分地表达出合成意图和创意设计思路。

能力拓展

利用遮罩制作视频效果。

任务二　遮罩动画与特效的应用

4-2-1 任务概述

After Effects 中可以通过移动或增加、减少遮罩路径上的控制点，以及对线段的曲率进行变化来对遮罩的形状进行改变。

4-2-2 任务要点

● 介绍遮罩形状动画制作方法
● 熟悉遮罩动画与特效的应用

4-2-3 任务实现

【案例3】

遮罩的编辑

1. 编辑遮罩

由于遮罩的控制点比较多，建议用户在 Comp 合成窗口中选择所要编辑的点，如图4-27所示。

2. 羽化遮罩边缘

用户可以通过对遮罩边缘进行羽化设置，来改变遮罩边缘的软硬度。系统对路径两边的像素进行扩展以实现羽化。左侧为羽化效果前图片，右侧为羽化效果后的图片，如图4-28所示。

图 4-27

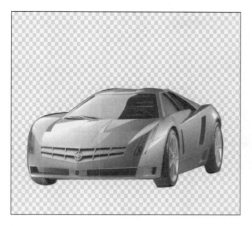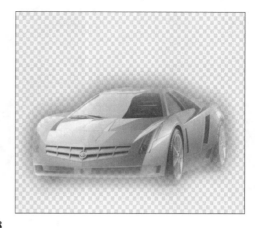

图 4 - 28

对遮罩区域的形状进行羽化处理，使其边缘产生融合的效果。

3. 设置遮罩的不透明度

通过设置遮罩的不透明度，可以控制遮罩内图像的不透明程度。遮罩不透明度只影响层上遮罩内区域图像，不影响遮罩外图像。左边遮罩的透明度为50%，右边遮罩的透明度为85%，产生的遮蔽效果有所不同，如图4-29所示。

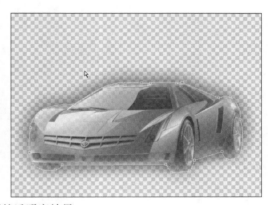

图 4 - 29　不同的透明度效果

设置遮罩的不透明度：设置遮罩0~100%的不透明度效果。

4. 扩展和收缩遮罩

如图4-30所示。

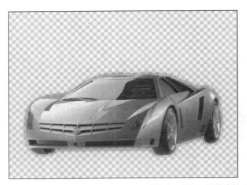
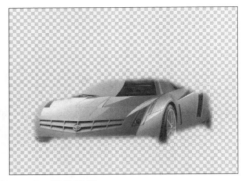

图 4 – 30 不同的 Expansion 值的效果

知识窗

设置扩展遮罩的影响范围，改变遮罩的边缘位置。

5. 反转遮罩

在缺省情况下，遮罩范围内显示当前层的图像，范围外透明。但用户可以通过反转遮罩来改变遮罩的显示区域。如图 4 – 31 所示，左图为未反转的素材图片，右图为反转遮罩后的素材图片。

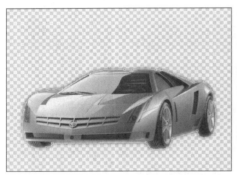

图 4 – 31 反转遮罩前后效果对比

6. 改变遮罩模式的方法

单击遮罩层右侧的下拉列表框，在下拉列表中选择不同的层模式，如图 4 – 32 所示。

图 4 – 32 Mask 层右侧的下拉列表

知识窗

在时间线窗口中选中要改变模式的层，打开其遮罩层的属性卷展栏。

【案例4】

发光书的制作

在影视后期制作中，还可利用遮罩动画来突出重点元素，这里介绍一种利用遮罩来突出画面重点区域的实例，本例最终效果如图4-33所示。

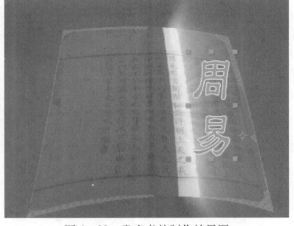

图4-33　发光书的制作效果图

操作步骤

（1）在"项目"窗口中导入"古籍.psd"文件，如图4-34所示。

（2）按<Ctrl+N>组合键新建一个合成，将其命名为"遮罩动画"，相关参数设置如图4-35所示。

图4-34　古籍素材画面

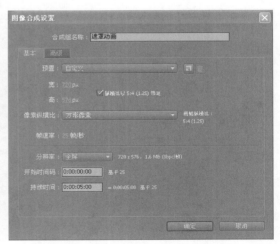

图4-35　新建名为"遮罩动画"的合成

（3）将"古籍.psd"素材添加到"时间线"窗口中，在"古籍.psd"图层上新建一个"调节层"，如图4-36所示。

（4）选择"调节层"，执行"滤镜→颜色校正→曝光"命令，具体参数设置如图4-37所示。

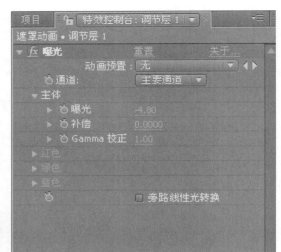

图 4-37　曝光滤镜参数设置

图 4-36　在时间线窗口中创建调节层

（5）使用"矩形遮罩工具"在调节层上绘制一个矩形遮罩，设置遮罩的混合模式为"加法"模式，勾选"反转"选项，具体参数设置如图 4-38 所示。合成监视窗画面如图 4-39 所示。

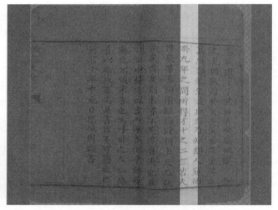

图 4-38　添加遮罩参数设置　　　　　图 4-39　合成窗口中添加遮罩的效果

知识窗

在调节层上做遮罩动画，让文字一行行的从右到左逐个出现。

（6）展开"遮罩路径"属性，为"遮罩路径"属性制作遮罩位移的

图 4-40　制作遮罩位移动画

关键帧动画，如图4-40所示，制作一个光线逐行移动的动画效果。

（7）新建一个时间长为5秒，名称为"三维效果"的合成。将"遮罩动画"合成拖拽到"三维效果"合成中，选择"遮罩动画"图层，执行"滤镜→扭曲→贝塞尔变形"命令，具体参数设置如图4-41所示。合成监视窗画面如图4-42所示。

 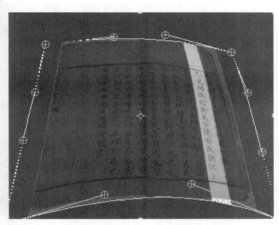

图4-41　"贝塞尔变形"特效参数设置　　　图4-42　合成窗口中的效果

知识窗

绘制Mask遮罩，为画面添加遮幅。

（8）按＜Ctrl+Alt+Y＞组合键创建一个调节层，将调节层放于"遮罩动画"合成顶部，如图4-43所示，为其添加一个"发光"滤镜，"发光"滤镜具体参数设置如图4-44所示。

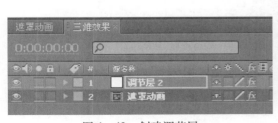

图4-43　创建调节层　　　　　　　图4-44　添加"发光"滤镜

（9）添加文字图层，最终动画合成效果如图4-45所示。

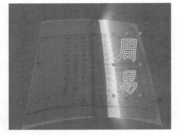

图 4 – 45　合成后的动画画面效果

【案例 5】

光影幻化文字特效的制作

本案例通过"分形噪波"制作出可以遮住文字的光影，并设置光影从中间向右移动。用"基本文字"和"快速模糊"等特效，制作出文字从模糊到清晰的动画，配合光影的出现。最后使用灯光属性动画和"置换图层"特效实现画面光影幻化的效果。本例最终效果，如图 4 – 46 所示。

操作流程

图 4 – 46　光影幻化文字的效果图

（1）启动 After Effects CS4 软件，自动创建一个"项目"文件，选择菜单命令"合成→新合成"，创建一个预置 PAL D1/DV 的合成，将其命名为"合成"，设置时间长度为 10 秒，"合成设置"窗相关设置，如图 4 – 47 所示。

（2）选择菜单命令"文件→保存"，保存项目文件，将其命名为"光影幻化特效文字"。

图 4 – 47　新建合成的相关设置　　　　图 4 – 48　固态层的相关参数

（3）选择菜单命令"层→新建→固态层"，打开"固态层设置"窗口，将固态层命名为"光影"，固态层其他参数设置，如图4－48所示。

（4）为"光影"层添加"分形噪波"特效并且制作关键帧动画。选中"光影"层，选择菜单命令"特效→噪点和颗粒→分形噪波"，设置"噪波类型"为"样条系数"，"对比度"为235，"亮度"为10，"噪波复杂度"为1.5。然后将时间指针移动到0帧处，分别单击"分形噪波"特效下"转换"中的"偏移容差值"和"相位演变"前面的码表，并设置"偏移容差值"为（360，288），"相位演变"为（0＊ ＋0）。在6秒处，将"偏移容差值"改为（705，288），"相位演变"为（5＊ ＋0），如图4－49所示。关键帧设置如图4－50所示。

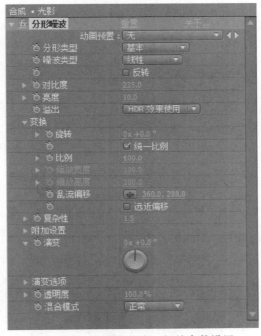

图4－49 "分形噪波"相关参数设置

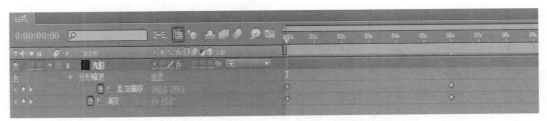

图4－50 "分形噪波"选项下相关属性的关键帧设置

添加"分形噪波"特效后的效果，如图4－51所示。

（5）为"光影"层添加"遮罩"。选中"光影"层，单击"工具"中的椭圆形遮罩工具按钮，如图4－52所示。在"光影"层中画出恰当大小的遮罩，单击"遮罩路径"右侧的"形状"，将各参数调整为如图4－53所示。

图 4 –51　添加 "分形噪波" 特效后的效果图

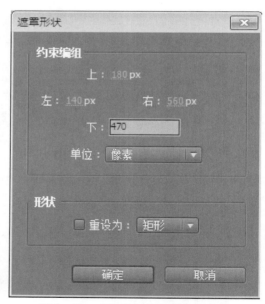

图 4 –52　选择椭圆形

图 4 –53　"遮罩形状" 的相应参数

　　设置 "遮罩羽化" 为（80，80），如图 4 –54 所示。此时画面效果如图 4 –55 所示。

　　（6）设置 "遮罩路径" 关键帧动画。将位置标尺指针移到 0 帧处，单击 "遮罩路径" 前的码表，然后将指针移到 6 秒处，双击遮罩的路径，使其变为可控外形的被选中状态，按 ＜Shift＞ 键的同时将该 "遮罩" 向右拖动直至移出窗口，如图 4 –56

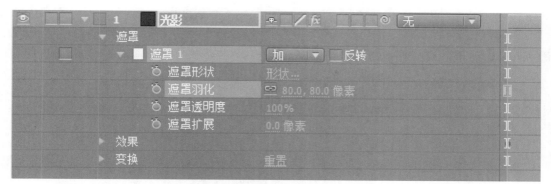

图 4-54 设置"遮罩羽化"的参数

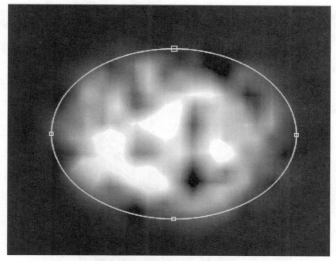

图 4-55 添加遮罩并调整相关参数后的效果图

所示。

（7）将"光影"层预合成，选中"光影"层，进行预合成操作，将其命名为"光影预合成"，选中"把层属性移动到新建的子合成文件中"选项，单击"OK"按钮。这里进行预合成操作是为之后将其设置为置换映射早做准备，如图 4-57 所示。

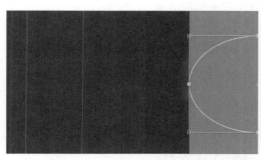

图 4-56 制作"遮罩路径"的关键帧动画

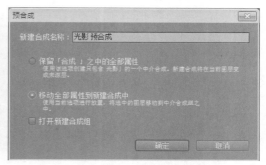

图 4-57 创建"光影预合成"层

（8）创建"文字"层及文字元素。按 <Ctrl + Y> 组合键，创建一个新的黑色固态层，并命名为"文字"。选择菜单命令"特效→旧版本→基本文字",在弹出的"基本文字"窗口中输入文字"After Effects",如图4-58所示。在"文字"层的"基本文字"特效控制面板中,设置各参数,如图4-59所示。此时的文字效果,如图4-60所示。

图4-58 输入文字

图4-59 "基本文字"相关参数设置

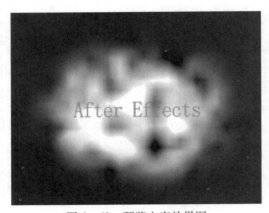

图4-60 预览文字效果图

(9)为"文字"层添加"快速模糊"特效,并制作相应的关键帧动画。选中"文字"层,单击菜单命令"特效→模糊&锐化→快速模糊"。将时间指针移到3秒处,在"文字"层的"快速模糊"特效控制面板中设置"模糊度"为10,然后单击"模糊度"前面的码表,将时间指针移到4秒处,将"模糊度"的参数改为0,这样就制作出文字从模糊到清晰的动画,如图4-61、图4-62所示。

图4-61 文字模糊参数设置

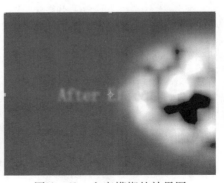

图4-62 文字模糊的效果图

（10）将"文字"层预合成。选中"文字"层，按<Ctrl+Shift+C>组合键进行预合成操作，将其命名为"文字预合成"，并选中"把层属性移动到新建的子合成文件中"选项，单击"OK"按钮。这里进行预合成操作是为了保留原效果的同时进行项目优化、移除等操作，为其以后添加"混合模糊"和"置换图层"特效做准备，如图4-63所示。

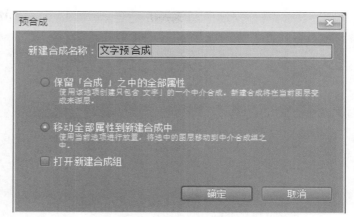

图4-63　创建"文字预合成"层

（11）为"文字预合成"层添加"混合模糊"特效。选中"文字预合成"层，选择菜单命令"特效→模糊＆锐化→混合模糊"，将"模糊图层"设为"2.光影预合成"，设置"最大模糊值"为"25"，如图4-64所示。此时文字效果，如图4-65所示。

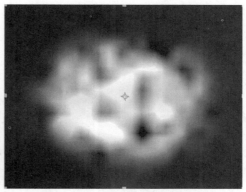

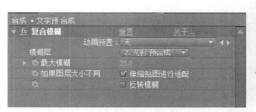

图4-64　文字预合成的混合模糊参数设置　　　图4-65　添加混合模糊特效后的效果图

（12）为"文字预合成"层添加"置换图层"特效。选中"文字预合成"层，选择菜单命令"特效→扭曲→置换图层"，设置"置换层"为"2.光影预合成"，其余参数设置如图4-66所示。添加"置换图层"后的效果，如图4-67所示。

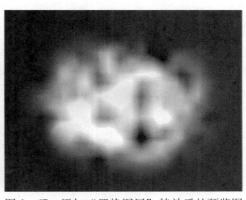

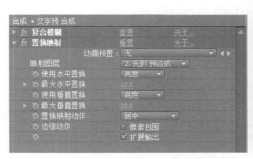

图4-66　"置换图层"特效参数设置　　　图4-67　添加"置换图层"特效后的预览图

（13）将"光影预合成"左侧的眼睛图标单击消失，此时画面效果，如图4-68所示。

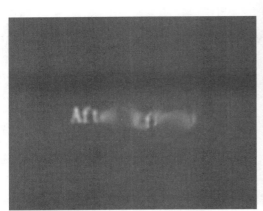

图4-68 将"眼睛"取消后的效果图

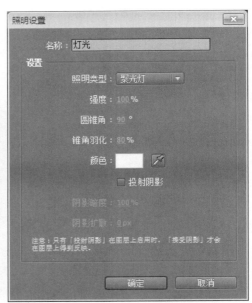

图4-69 创建灯光层

（14）选择菜单命令"层→新建→灯光层"选项，创建一个名为"灯光"的层，将"灯光类型"设置为"斑驳"，"灯光锥形羽化"为80，"颜色"默认为白色，相关设置，如图4-69所示。

（15）将"文字预合成"和"光影预合成"右侧的运动模糊开关和3D图层开关打开，如图4-70所示。

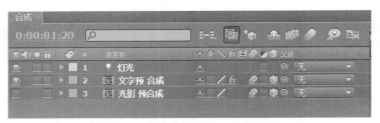

图4-70 相关图标的显示状态图

（16）制作"灯光层"的关键帧动画。将"灯光"层下的"转换"打开，在0帧处，将"目标点"和"位置"前面的码表打开，并设置"目标点"为（326，320，270），"位置"为（360，290，0）。将时间指针移到6秒处，设置"目标点"为（372，278，-107），"位置"为（408，148，-380），如图4-71所示。本例制作完成，最终画面效果，如图4-72所示。

图4-71 灯光层下的相关属性的关键帧设置

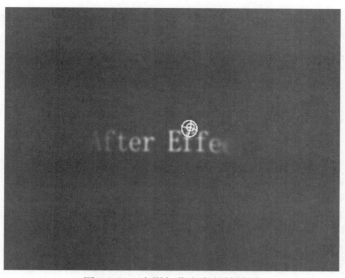

图 4 – 72　光影幻化文字的效果图

知识窗

编辑遮罩时可以把遮罩的羽化、透明度、反转、扩展和收缩、模式等综合运用。

课堂练习

参考本任务中的实例制作遮罩效果动画。在遮罩效果案例的基础上，利用遮罩和特效相结合来制作故事片头的实例。

小结

1. 本章主要讲解遮罩功能，遮罩部分详细地讲述了遮罩工具、路径工具、遮罩菜单。需要学习者在操作中认真体会。通过此案例的学习，学习者可以利用遮罩作出动感十足的特效场景。

2. 通过设定"分形噪波""快速模糊""置换图层""混合模糊"等特效的相应参数，实现亦真亦幻的画面效果。在学习过程中，要求重点掌握"分形噪波"相关参数的功能。

能力拓展

1. 利用遮罩制作视频效果。

2. 利用 Mask 制作如图所示的探照灯效果。

项目评议

班级＿＿＿＿＿＿＿＿＿＿　　　姓名＿＿＿＿＿＿＿＿＿＿　　　任课教师＿＿＿＿＿＿＿＿＿＿

	案例名称	工作态度 （优良差）	讲授情况 （优良差）	完成情况（优良差）			综合评价	
				出勤	纪律	作业	100分	日期
1								
2								
3								
4								
5								
6								
7								
8								

注：1. 该项目评议期中或期末由教务人员每班抽查 5～10 名学生。

　　2. 该项目评议将作为该教师本学期教学效果考核的一项重要内容。

项目五 三维合成与仿真特效

项目描述

1. 通过三维空间中的文字和线框的动画，模拟真实世界三维空间的动态效果。
2. 学习仿真特效中的各种效果应用。

学习重点

- ●认识三维合成
- ●灯光、摄像机、三维辅助功能的应用
- ●掌握使用 After Effects CS5 仿真特效中的各种效果应用

任务一 认识三维合成

5-1-1 任务概述

主要对三维空间有个初步的了解，理解三维空间合成的工作环境，进一步掌握了由二维转三维的过程。

5-1-2 任务要点

- ●了解三维效果的基本思路和技巧
- ●熟悉三维图层、绑定等工具的功能
- ●掌握应用三维图层的技巧

5-1-3 任务实现

【案例1】

制作花瓣效果

请观看本任务中的效果, 如图5-1所示。

图5-1

操作步骤

(1) 启动 Photoshop, 把需要的花瓣素材整理出来, 分好图层, 如图5-2所示。

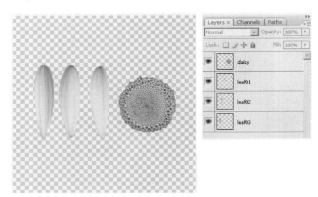

图5-2

知识窗

在 Photoshop 中注意分好图层, 这样导入 After Effects 中的时候是分图层的。

(2) 启动 After Effects CS3 软件。按 <Ctrl + N> 组合键, 新建一个合成"花香5号"。

（3）按＜Ctrl＋N＞组合键，新建一个合成，命名为"flower"。导入刚刚制作的"flower.psd"花瓣素材，选择分层导入，并拖到新建的合成里，如图5－3所示。

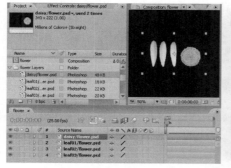
图5－3

图5－4

（4）使用工具栏的轴心点工具，将图片的中心锚点拖动到它的底部，如图5－4所示。

知识窗

导入.psd素材的时候，在对话框中应选择合成方式导入。

（5）将图层改为3D图层模式。

知识窗

将图层改为3D图层模式时，可以直接单击 ████。

（6）移动leaf01一点点。选择leaf01层，按＜Ctrl＋D＞组合键复制一层，旋转45°。通过复制重复上述步骤叶片旋转，得到花的形状，如图5－5所示。

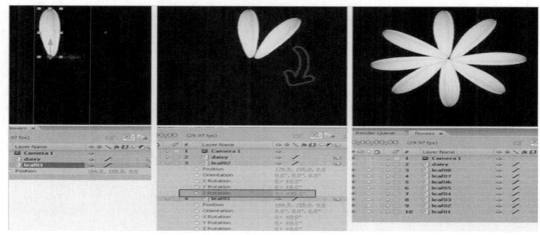
图5－5

（7）使用工具栏中的 Rotate Tool 旋转工具，单个旋转每个叶片，产生更好的透视效果，如图 5-6 所示。

图 5-6

（8）为了调整花瓣时候更直观，这里我们将视图转换成 4 视图，如图 5-7 所示。

图 5-7

图 5-8

（9）复制花瓣并调整花瓣角度，使花瓣看起来更丰富，如图 5-8 所示。

【案例 2】

三维盒子效果的制作

本例将制作一个转动的三维盒子的效果。通过转动，三维盒子的每个角度都在观众眼前，相对于平面效果有更强的立体感，既有娱乐性，又有装饰性。制作过程中需要用到图层属性、绑定、摄像机等功能，通过设定相应参数，完成作品的制作。三维盒子效果如图 5-9 所示。

图 5-9　三维盒子效果图

操作步骤

（1）创建一个预置为 PAL/D1/DV 的合成，将其命名为"box"，设置时间长度为 5 秒，如图 5-10 所示。

（2）导入"素材"文件，并将他们添加到时间线面板中，图层排列顺序，如图 5-11 所示。

知识窗

将图层开启三维图层模式时，可以直接单击 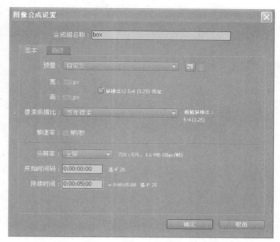。

图 5-10 "box"合成的相关设置

图 5-11 添加到时间线中的素材

（3）按 < Ctrl > 键，用鼠标选中"1. jpg"至"6. jpg"，开启三维模式按钮，如图 5-12所示。

图 5-12 开启图层的三维效果后的时间线状态

（4）单击菜单中的"图层→新建→摄像机"命令，建立摄像机。将摄像机命名为"摄像机1"，如图 5-13 所示，创建后的摄像机图层如图 5-14 所示。

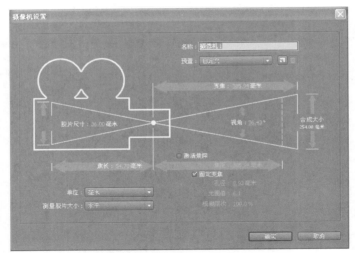

图 5 – 13 默认情况下的摄像机参数

图 5 – 14 时间线中的摄像机层

（5）鼠标单击工具栏中的"统一摄像机工具"，如图 5 – 15 所示。在合成窗口中拖动鼠标，设置一个立体感比较强的角度，为拼接盒子做准备，如图 5 – 16 所示。

图 5 – 15 工具栏中"统一摄像机工具"

图 5 – 16 摇至合适角度后的合成监视窗画面

（6）选择"1. jpg"层，按<P>键激活图层的位移参数，将其第3项Z轴参数设置为 -200，如图5-17所示。调整后合成监视画面如图5-18所示。

图5-17 调整"1. jpg"层的位移参数

图5-18 调整位移参数后的合成监视窗画面

知识窗

三维中红色表示X轴，绿色表示Y轴，蓝色表示Z轴。

（7）选择"2. jpg"图层，按R键激活图层的旋转参数，调整画面角度，使画面沿Y轴旋转90°，如图5-19所示。调整后合成监视窗画面如图5-20所示。按键激活该图层的位移参数，将X轴数值减小200，原来为500，

图5-19 图层旋转后的效果

现在则为300，如图5-21所示。调整后合成监视窗画面，如图5-22所示。

知识窗

After Effects CS5 中，位置的快捷键是<P>键，旋转的快捷键是<R>键。

图5-20　图层旋转后的画面效果

图5-21　设置图层位移参数

图5-22　设置图层位移参数后的合成监视窗画面

图5-23　设置"3.jpg"层的位移参数

（8）选择"3.jpg"层，按<P>键，激活图层的位移参数，将Z轴数值增大为200，如图5-23所示。调整后合成监视窗画面如图5-24所示。

图5-24　设置图层位移参数后的合成监视窗画面

（9）选择"4. jpg"图层，按<R>键激活图层的旋转参数，将X轴旋转参数设置为90°，如图5-25所示。调整后合成监视窗画面，如图5-26所示。按<P>键激活该图层的位移参数，将Y轴数值设置为584，如图5-27所示。

图5-25　"4. jpg"层的旋转参数

图5-26　修改图层旋转参数后的画面效果

图5-27　设置"4. jpg"层的位移参数

（10）选择"5. jpg"图层，按<R>键激活图层的旋转参数，将X轴旋转参数设置为90°，如图5-28所示。调整后合成监视窗画面，如图5-29所示。

图5-28　设置"5. jpg"层的旋转参数

图5-29　修改图层旋转参数后的画面效果

按<P>键激活该图层的位移参数，将Y轴数值设置为184，如图5-30所示。调整后合成监视窗画面，如图5-31所示。

图 5 - 30 设置 "5.jpg" 层的位移参数

图 5 - 31 设置图层位移参数后的画面效果

（11）选择 "6.jpg" 层，按 < P > 键激活图层的位移参数，将 X 轴数值设置为 700，如图 5 - 32 所示。调整后合成监视窗画面如图 5 - 33 所示。按 < R > 键激活图层的旋转参数，将 Y 轴旋转参数设置为 90°，如图 5 - 34 所示。画面效果如图 5 - 35 所示。

图 5 - 32 设置 "6.jpg" 层的位移参数

图 5 - 33 修改图层位移参数后的画面效果

图 5 - 34 设置 "6.jpg" 层位移参数

图 5 - 35 设置图层位移参数后的画面效果

当开启三维效果后，在原有的 X 轴和 Y 轴基础上，增加了 Z 轴，即深度值，使位置的调整不再局限在两维空间内，不但可以调节上下左右，还可以调节前后纵深。

（12）鼠标单击"图层→新建→空物体"命令，建立空物体。

（13）选中"1.jpg"至"6.jpg"的6个图层，在其中任何一个图层的"父层级"属性下单击，在下拉菜单中选"1.NULL"层，这样就把所有图层链接到了空物体图层上。接下来只要调整空物体的属性就可以带动立方体了，如图 5-36 所示。

图 5-36　设置图层的父子链接

（14）选择"NULL"图层，打开其三维模式属性，按<R>键显示旋转属性，将 X、Y、Z "旋转"参数前面的码表按下，在时间线起始点打开关键帧，如图 5-37 所示。

图 5-37　激活关键帧后的时间线面板　　图 5-38　设置旋转角度后时间线面板

（15）按时间线上的位置标尺拖到尾部，将 X、Y、Z "旋转"参数值设置为 720°，即旋转两圈，时间线面板上的参数，如图 5-38 所示。此时自动记录关键帧，完成动画的制作。

拼合立方体的时候，除了用参数化手段调整之外，也可以利用轴向坐标工具直接手动调整，这样更直观、更快捷，但准确必不及参数化调整高。

参考本任务中的实例制作三维盒子的动画。在三维盒子案例的基础上，只要稍加扩展，就可以制作出如三维相册之类的效果，操作方法相同。读者在掌握本例操作后，可以尝试三维相册的制作。

小结

此案例的知识重点是三维图层的使用。开启三维模式效果并不是真正意义的三维，而是通过二维方法模拟三维效果，呈现出相对于二维画面更强的立体感和空间感，带来视觉上的冲击与震撼。

能力拓展

利用所给的素材制作旋转的立方体效果。

  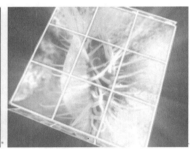

任务二 灯光、摄像机的应用

5-2-1 任务概述

主要对灯光、摄像机有个初步的了解，理解灯光的建立以及设置，摄像机的建立设置与应用。

5-2-2 任务要点

- 介绍 After Effects CS5 中三维空间动画制作方法
- 熟悉摄像机的原理，掌握创建并设置摄像机的方法
- 熟悉灯光层的原理，掌握创建并设置灯光层的方法

5-2-3 任务实现

【案例3】

金光大道

本例用 Camera（摄像机）命令创建一台摄像机，通过对摄像机属性设置控制摄像机位置，为摄像机制作动画，营造出镜头运动的画面效果，为了增强画面的表现力，本例使用 Light（灯光）命令增

图5-39 金光大道效果图

加画面层次感，用 Shine（光）特效制作出流光效果，本例的最终效果如图5-39所示。

操作步骤

（1）执行菜单栏中的"Composition（合成）→New composition（新建合成）"命令，打开 Composition Setting（合成设置）对话框，设置 Composition Name（合成名称）为"金光大道"，Width（宽）为360px，height，（高）为288px，Frame Rate（帧率）为25帧，并设置 Duration（持续时间）为5秒，如图5-40所示。

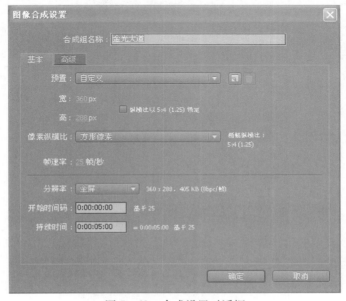

图5-40 合成设置对话框

（2）执行菜单栏目中的"File（文件）→Import（导入）FIle（文件）"命令，或在 Project（项目）面板中双击，打开 Import File（导入文件）对话框，选择"第3章→3.3 金光大道→大道.jpg"素材，单击"打开"按钮，将图片导入到项目中。

（3）在 Project（项目）窗口中选择"大道.jpg"素材，将其添加到时间线面板中，打开该层三维属性，如图5-41所示。

图5-41　时间线窗口中的"大道"层

（4）单击菜单栏中的"Layer（图层）→New（新建）→Camera（摄像机）"命令，打开 Camera Setting（摄像机位置）对话框，调整摄像机参数，如图5-42所示。

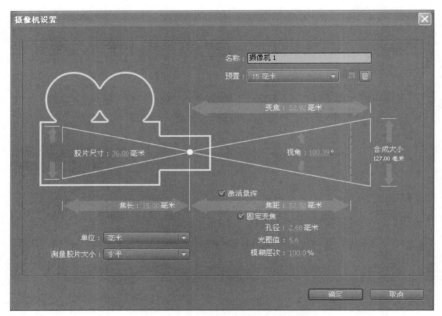

图5-42　摄像机的相关位置

知识窗

通过调整目标点、位置、旋转等变化属性，可以设置摄像机的浏览动画。

（5）在时间码位置单击，或者按 <Alt + Shift + J> 组合键打开 GO TO Time（跳转到时间）对话框，把时间线的位置标尺设置在"00：00：00：00"的位置。

（6）在 Timeline（时间线）面板内展开 Cameral 层的参数，位置 Point of Interest（关注

点）的值为（176，177，0），Position（位置）的值为（176，502，−146），并为这两个选项设置关键帧，如图5−43所示。

图5−43　为摄像机参数设置关键帧

（7）按<End>键将位置标尺调整到时间线的末尾，设置Point of Interest（关注点）的值为（176，−189，0），Position（位置）的值为（176，250，−146），如图5−44所示。

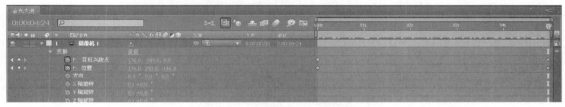

图5−44　在尾帧处调整摄像机参数

（8）拖动时间上的位置标尺，预览画面。由于摄像机的作用，图像产生推近的效果，如图5−45所示。

图5−45　合成监视窗中镜头推进的效果

（9）单击菜单中的"Layer（图层）→New（新建）→Light（灯光）"命令，打开Light Setting（灯光设置）对话框，参数设置如图5−46所示。

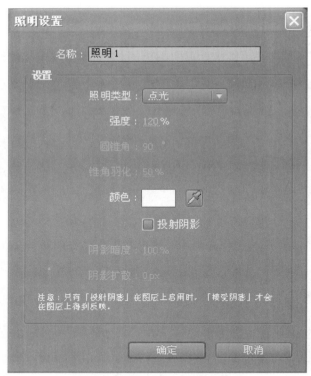

图 5 - 46　灯光设置对话框

知识窗

绑定灯光使灯光的兴趣点与目标物体保持一致。

（10）在时间线面板中展开 Light（灯光）参数区，设置 Position（位置）的值为（180，58，-242），灯光 Intensity（亮度）的值为 120%，如图 5 - 47 所示。

图 5 - 47　设置灯光参数

（11）此时从合成窗口中可以看到添加灯光后的图像效果已经产生了很好的层次感，合成窗口的效果如图 5 - 48 所示。

（12）单击菜单栏中的"Composition（合成）→New Composition（新建合成）"命令，

打开 Composition（合成设置）对话框，设置 Composition Name（合成名称）为"光特效"，Width（宽）为 360px，Height（高）为 288px，Frame Rate（帧率）为 25 帧，并设置 Duration（持续时间）为 5 秒，创建一个新的合成文件，如图 5-49 所示。

图 5-48　合成图像效果

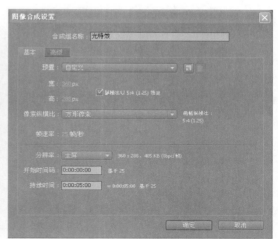

图 5-49　"光特效"合成的相关设置

（13）在 Project（项目）窗口中选择"金光大道"合成，将其添加到"光特效"的时间线面板中，如图 5-50 所示。

图 5-50　"光特效"的时间线面板

（14）在 Effect & Presets 特效面板中展开 Trapcode 特效前的三角，双击 Shine（光）特效命令，如图 5-51 所示，将特效应用给"金光大道"层。

图 5-51　双击 Shine（光）特效

（15）在 Effect Control（特效控制）面板中设置 Shine（光）特效的参数。设置射线长度（Ray Lenght）为 6，放大光线（Boost Light）值为 2。展开着色（Colorize）的参数为白色，Midtones（中间色）为浅绿色（R：136，G：255，B：135），阴影（Shadows）为深绿色（R：0，G：114，B：0）。设置过渡模式（Transfer Mode）为叠加（Add）。设置源点（Sourcepoint）值为（176，265），并为该项设置关键帧，如图 5-52 所示。此时从合成窗口中可以看到添加光效后的效果，如图 5-53 所示。

图 5-52　光效参数设置　　　　　　　　图 5-53　添加光效后的效果

（16）按 <End> 键将时间线位置标尺调整到时间线结束帧，在 Effect Control（特效控制）面板中，修改源点（Source Point）的位置为（176，179），此时合成窗口中的效果，如图 5-54 所示。

（17）关键帧设置完成后，按小键盘上的 <0> 键预览动画效果，合成监视窗口中的效果，如图 5-55 所示。

图 5-54　合成监视窗口中的图像效果　　　　图 5-55　金光大道效果

在赋予投影选项，打开灯光的投影属性后，必须在层的材质属性中对其投影参数进行设置。

小结

此案例的知识重点是利用摄像机完成对画面三维效果的控制。在表现两面的层次感上，三维效果显然比二维效果更具有优势。需要注意的是，控制好摄像机并不是一个范例就可以掌握的内容，大家要在平时的练习中多实践、多总结，让视频画面更真实、更自然。

课堂练习

参考本任务中的实例制作金光大道效果动画。在金光大道效果案例的基础上，利用三维摄影机制作文字动画的实例。

能力拓展

制作下面效果。

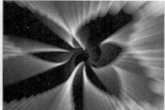

【案例4】

透视文字的制作

案例重点介绍 After Effects 中摄像机的使用。通过设定摄像机的位置及目标点参数，实现文字的透视效果。为了丰富画面的层次，给画面应用了灯光层，在灯光层的配合下，整个场景更有纵深感，本例最终效果如图 5－56 所示。

图 5-56 透视文字的效果图

操作步骤

（1）启动 After Effects 软件，自动创建一个"项目"文件，选择菜单命令"合成→新建合成"，创建一个预置为 PAL D1/DV 的合成，将其命名为"透视场景"，设置"时间长度"为 10 秒。"合成设置"窗相关设置，如图 5-57 所示。保存项目文件（组合键），命名为"透视文字"。

（2）选择菜单命令"层→新建→固态层"，将其命名为"底层"，其中"颜色"为 RGB（42，167，251）。各参数设置如图 5-58 所示。

图 5-57 新建合成的相关设置

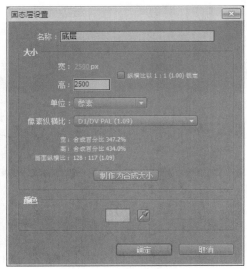

图 5-58 固态层的相关参数

（3）选择菜单命令"层→新建→摄像机"，新建一个"Preset"为35mm的摄像机，并且勾选"景深"，如图5-59所示。

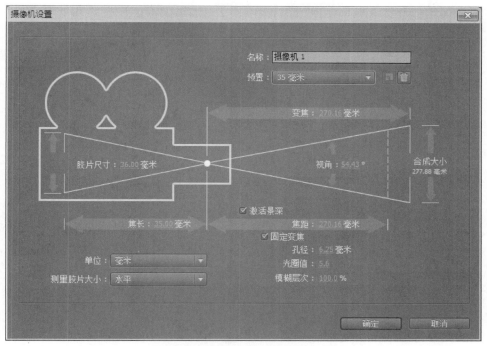

图5-59 新建摄像机的相关参数

知识窗

所谓的三维就是由X、Y、Z 3个轴构成的立体空间。在AE中3D图层具有实实在在的三维属性，它的旋转、位置等都有这三个维度。

（4）将"底层"的三维开关打开，展开"转换"选项，将"位置"参数设置为（360，288，30），"X旋转"设置为（0*，+87）；然后将"材料选项"展开，设置"投影"为"On"，如图5-60所示。

图5-60 底层的相关参数设置

（5）对摄像机各参数进行设置。展开"转换"选项，将"目标点"设置为（65，1335，830），"位置"为（450，250，480），"X旋转"为（0*，50），"Y旋转"为（0 *，20），如图5 –61所示。

（6）选择菜单命令"层→新建 →文本"，创建一个文字层，输入文字"您关注的是"，在"字符"面板中，将文字的颜色设为RGB（250，254，0），大小设为30px，其余参数如图5 –62所示。

图5 –61　摄像机制相关参数设置　　　　　　图5 –62　文字相关参数设置

（7）将文字层的三维开关打开，展开"转换"选项，设置"位置"为（225，295，720）；然后将"材料选项"展开，设置"投影"为"On"，如图5 –63所示。至此效果如图5 –64所示。

图5 –63　文字层"您关注的是"参数设置　　　　图5 –64　文字层的效果图

（8）选择菜单命令"层→新建 →灯光"，新建一个灯光层，命名为"灯光"，设置"灯光类型"为"斑驳"，"强度"为400%，"颜色"为RGB（42，167，251），将"目标点"设置为（376.5，340，800），"位置"为（316，226，524），其余参数设置如图5 –65所示。添加"灯光"层后的效果如图5 –66所示。

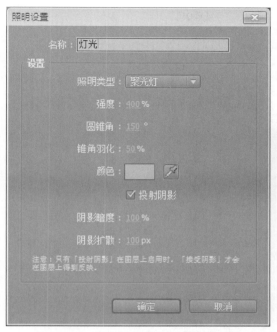

图 5-65 新建灯光层的相关参数设置

图 5-66 添加"灯光"层后的效果图

（9）选择菜单命令"层 → 新建 → 灯光"，新建一个灯光层，命名为"灯光 1"，设置"灯光类型"为"点状"，"强度"为 350%，设置"颜色"为 RGB（42，167，251），将"位置"设置为（473.5，223.9，342.4），其余参数设置如图 5-67 所示。添加"灯光 1"层后的效果如图 5-68 所示。

图 5-67 新建"灯光 1"层的相关参数设置

图 5-68 添加"灯光 1"层后的效果图

知识窗

灯光最主要功能是营造场景中的气氛，灯光的颜色以及强度可以使 3D 场景中的素材层渲染出不同效果，而阴影生成功能，则可产生 3D 层叠模拟效果，使合成效果更加富有立体感。

（10）选中文字层（"您关注的是"这一层），按 < Ctrl + D > 组合键，复制文字层，使用"文字"工具将文字选中，然后在新层中将文字改为"我们关注的是"，设置"位置"为（770，260，485），设置"Y 旋转"为（0 ∗ ， − 75），如图 5 − 69 所示。

（11）再选中文字层复制（< Ctrl + D > 组合键），使用"文字"工具将文字选中，然后在新层中将文字改为"他们关注的是"，设置"位置"为（1160，250， − 155），设置"Y 旋转"为（0 ∗ ， − 75），如图 5 − 70 所示。

图 5 − 69　文字层"我们关注的是"参数设置　　　　图 5 − 70　文字层"他们关注的是"参数设置

（12）选中文字层，按 < Ctrl + D > 组合键复制，使用"文字"工具将文字选中，然后在新层中将文字改为"今日话题"，设置"位置"为（1250，225， − 785），设置"Y 旋转"为（0 ∗ ， − 75），如图 5 − 71 所示。

图 5 − 71　文字层"今日话题"参数设置

（13）分别将"灯光"层和"灯光1"层后面的"父级"面板由"None"改为"摄像机"，如图5-72所示。

图5-72　"父级"面板的设置

（14）将时间指针移到0帧位置，选择"摄像机"，展开"转换"选项，打开"目标点"和"位置"前面的码表，设置动画关键帧。在第0帧处，设置"目标点"为（65，1335，830），"位置"为（450，250，480）；在第15帧处，"目标点"和"位置"的参数不变；在第1秒20帧处，设置"目标点"为（470，1320，460），"位置"为（1065，195，480）；在第2秒15帧处，"目标点"和"位置"的参数不变；在第3秒15帧处，设置"目标点"为（680，1340，-310），"位置"为（1435，225，-85）；在第4秒15帧处，"目标点"和"位置"的参数不变；在第3秒15帧处和第5秒15帧处，设置"目标点"为（625，1340，-960），"位置"为（1380，225，-730）。以上关键帧动画的设置主要通过摄像机的位置变化来实现镜头的变化效果，如图5-73所示。

图5-73　摄像机关键帧动画参数设置

（15）将时间指针移到5秒处，选择菜单命令"层→新建→灯光"，新建一个灯光层，命名为"灯光2"，设置"灯光类型"为"斑驳"，"强度"为500%，"颜色"为RGB（42，167，251），其余参数设置如图5-74所示。将"目标点"设置为（1335，225，-735），"位置"设置为（1500，170，-720），如图5-75所示。

本例的最终效果如图5-76所示。

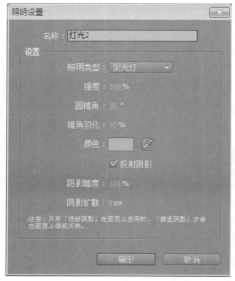

图 5-74　新建"灯光 2"层的相关参数设置　　　　图 5-75　"灯光 2"层参数设置

图 5-76　透视文字特效的效果图

课堂练习

参考本任务中的实例制作透视文字效果动画。在透视文字效果案例的基础上，利用三维摄影机制作文字动画的实例。

知识窗

摄像机、灯光都有三维属性，通过阴影、遮挡等特点产生透视、聚焦效果。所谓的三维感就是有深度感、有空间感等。

小结

本案例通过摄像机与灯光层的配合使用，实现了立体、透视的文字效果。摄像机目标点与位置参数的设置是本例的重点，添加灯光的时机和灯光类型的选择，也很有技巧，需要学习者在操作中认真体会。通过此案例的学习，学习者可以利用摄像机制作出动感十足的特效场景。

能力拓展

空间文字效果。

任务三 仿真特效中的各种效果

5-3-1 任务概述

主要学习了仿真特效中的各种效果应用。主要包括了卡片翻转、焦散、泡、粉碎、波形世界以及粒子运动场等。该特效在实际应用中经常用到，主要是模拟一些自然现象。

5-3-2 任务要点

● 了解"Particle Playground"命令效果的基本思路和技巧
● 熟悉3D图层的转换与应用
● 掌握"Glow"命令的添加与应用

【案例5】

动感线条

请观看本任务中的效果，如图5-77所示。

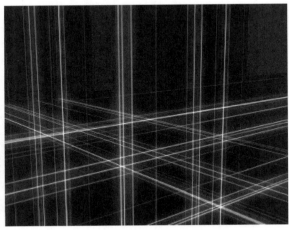

图 5 - 77

操作步骤

（1）新建合成，命名为"线条"，尺寸为1280 * 480，持续时间为10秒；然后新建固态层，命名为"线条"，尺寸为1280 * 480。

（2）选中固态层"线条"，选择菜单命令"特效 → 噪波 → 分形噪波"特效，然后设置相关属性参数，如图5-78所示。

（3）设置"分形噪波"下的"演变"关键帧动画，使其呈现动态效果，如图5-79所示。

（4）选择菜单命令"特效 → 颜色 → 色阶"特效，然后调整相关参数，如图5-80所示。

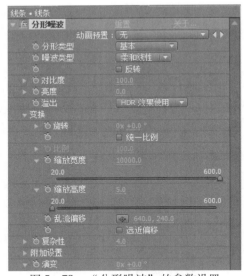

图 5 - 78　"分形噪波"的参数设置

图 5 - 79　"演变"的关键帧动画设置

（5）选择菜单命令"特效→风格化→辉光"特效，设置相关参数，如图5-81所示。

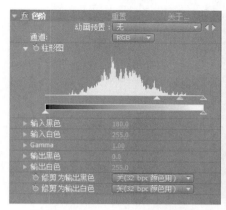

图5-80 "色阶"的参数设置

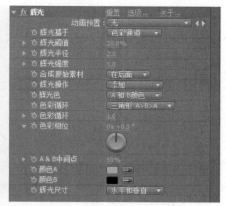

图5-81 "辉光"特效的参数设置

知识窗

"辉光"特效是常用的一种特效，对文字、图像、线条产生过光的效果。

（6）新建合成，大小为720
*576，命名为"空间线条"，新
建50mm的摄像机，将"线条"
合成拖到新建的合成中，单击
"线条"右面的3D开关，选中
"线条"层，将其图层模式改为

图5-82 图层的3D显示状态

"Add"模式，然后按三次<Ctrl+D>组合键，如图5-82所示。

知识窗

复制的另一种方法：在确定项目中已经建立了层之后，在时间线窗口中选中要复制层，然后选择菜单"编辑"→"副本"命令，则直接会在原层上方建立该层的副本。

（7）分别选择4个"线条"层，展开其"转换"选项，设置"位置"与"方向"的参数，为之后的摄像机动画做准备，如图5-83、图5-84所示。

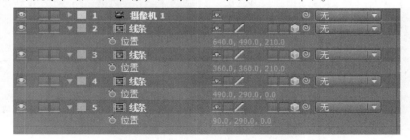

图5-83 "线条"合成的"位置"参数设置

图 5 - 84 "线条"合成的"方向"参数设置

（8）选择"摄像机"层，展开其"转换"层，设置"位置"的参数，如图 5 - 85 所示。

图 5 - 85 摄像机的"位置"参数设置

（9）新建一个调节层，选择菜单命令"层→新建→调节层"，将此层移动到 4 个"线条"合成之上，然后添加"辉光"特效，设置相关参数如图 5 - 86 所示。

（10）最终完成动感线条的效果，如图 5 - 87 所示。

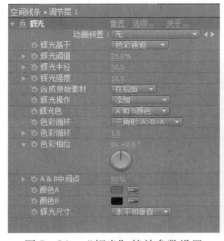

图 5 - 86 "辉光"特效参数设置

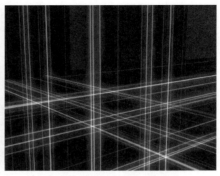

图 5 - 87 最终效果图

根据选定的层上读取特效信息，利用此信息可以对图层进行分列、旋转、位移，从而得到动感线条的效果。

课堂练习

参考本任务中的实例制作动感线条效果动画。在动感线条效果案例的基础上，利用仿真特效制作利用所给的素材制作旋转的立方体效果。

小结

粒子运动场特效是一个比较有意思的粒子游乐场。使用此特效可以产生大量相似物体单独运动的动画效果，比如雪花飘飘、炊烟袅袅、落雨纷飞、花瓣凋零等，主要都是粒子特效的结果。

能力拓展

制作视频效果。

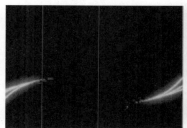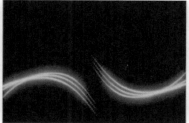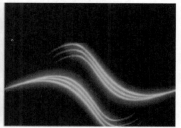

【案例6】

数码时代

请观看本任务中的效果，如图5-88所示。

图5-88

操作步骤

1. 制作背景

（1）启动 After Effects CS5 软件。

（2）按 < Ctrl + N > 组合键，新建一个合成，在弹出的"Composition Setting"对话框中设置参数，命名为"背景"。

（3）按 < Ctrl + Y > 组合键，新建一个黑色固态层，命名为"背景"。

（4）制作渐变背景。选中"背景"层，选择菜单中的"Effect → Generate → Ramp"命令，给图层添加特效。在"Effects Controls"特效面板中设置参

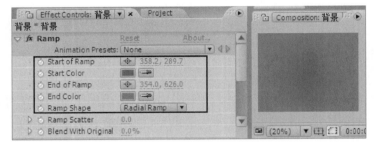

图 5 – 89

数，"Start Color"的值为 RGB（0，51，120），"End Color"的值为 RGB（16，46，233），如图 5 – 89 所示。

（5）制作背景纹理。选中"背景"层，选择菜单中的"Effect → Transition → Venetian Blinds"命令，给图层添加特效。在"Effects Controls"特效面板中设置参数，如图 5 – 90 所示。

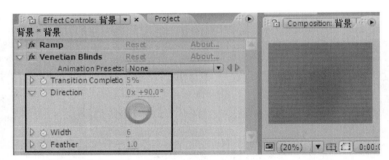

图 5 – 90

（6）按 < Ctrl + Y > 组合键，新建一个黑色固态层，命名为"光环"。

（7）选中"光环"层，选择工具栏中的椭圆遮罩工具，绘制椭圆遮罩。

（8）选中"光环"层，选择菜单中的"Effect → Generate → Vegas"命令，给图层添加特效。在"Effects Controls"特效面板中设置参数，如图 5 – 91 所示。

（9）制作光环动态效果。将时间轴移动到 0 秒处，点击"Rotation"选项前的码表，设置关键帧；再将时间轴移动到 3 秒处，设置"Rotation"的值为"2x"。

（10）制作光环发光效果。选中"光环"层，选择菜单中的"Effect → Stylize → Glow"命令，给图层添加特效。在"Effects Controls"特效面板中设置参数，其中"Color A"的值为 RGB（255，255，255），"Color B"的值为 RGB（224，3，224），

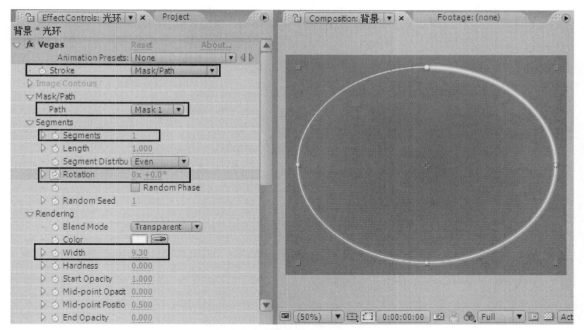

图 5 - 91

如图 5 - 92 所示。

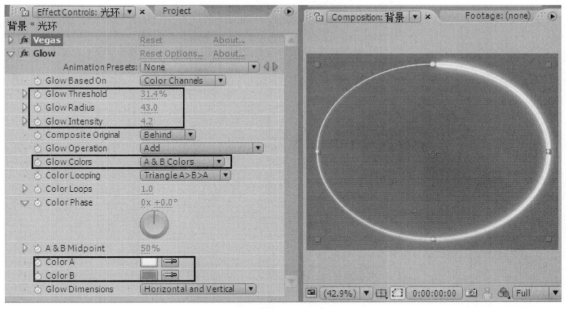

图 5 - 92

（11）选中"光环"层，按下键盘上的 < R > 键，打开图层的旋转属性；再按住 < Shift > 键的同时按下 < S > 键，打开图层的缩放属性，设置参数，如图 5 - 93 所示。

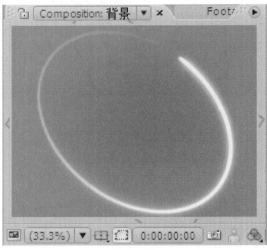

图 5 – 93

2. 制作文字雨效果

（1）按 < Ctrl + N > 组合键，新建一个合成，在弹出的 "Composition Setting" 对话框中设置参数，命名 "文字雨"。

（2）按 < Ctrl + Y > 组合键，新建一个黑色固态层，命名为 "文字雨"。

（3）制作文字雨效果。选中 "文字雨"层，选择菜单中的 "Effect→Simulation→Particle Playground" 命令，给图层添加特效。按下数字键盘上的 < 0 > 键，可以看到粒子效果，如图 5 – 94 所示。

图 5 – 94

（4）在 "Effect Controls" 特效面板中单击 "Options" 选项，再单击 "Edit Cannon Text" 选项，打开文本编辑器，如图 5 – 95 所示。

（5）在 "Effect Controls" 特效面板中设置 "Particle Playground" 的参数，如图 5 – 96 所示。

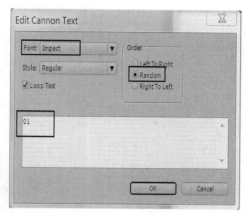

图 5 - 95

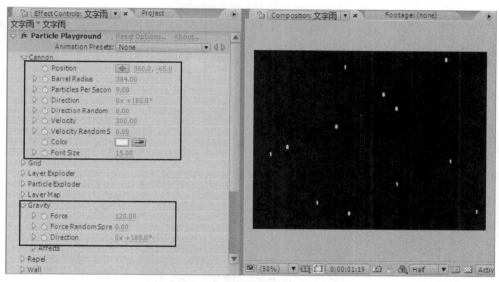

图 5 - 96

知识窗

确定粒子发生器的种类。可以从"发射"中发射一束粒子，或从"网格"产生平面的粒子，或使用层爆破器将一个层爆破产生粒子。如果一个层本身就是粒子层，在使用粒子爆破器后会对已存在的粒子爆炸，从而得到更多的粒子。

（6）制作拖尾效果。选中"文字雨"层，选择菜单栏中的"Effect→Time→Echo"命令，给图层添加特效，如图 5 - 97 所示。

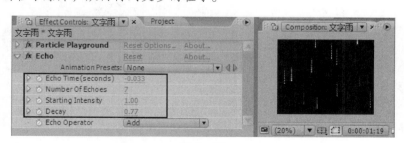

图 5 - 97

知识窗

　　设置产生粒子种类。缺省情况下，产生圆点粒子。可以使用合成窗口中任意层上的素材替代粒子，或用设定的文本字符代替点粒子。

　　3. 制作文字动画

　　（1）按 < Ctrl + N > 组合键，新建一个合成，在弹出的 "Composition Setting" 对话框中设置参数，命名为 "文字动画"。

　　（2）选择工具栏中的横排文本工具，输入文字 "数码时代"，在 "Character" 字符面板中设置参数，如图 5 - 98 所示。

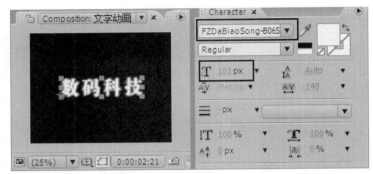

图 5 - 98

　　（3）制作文字动画效果。选中 "数码时代" 层，按 < Home > 键将时间轴移动到 0 秒处，选择菜单栏中的 "Animation→Apply Animation Preset" 命令，为文字层添加 "Raining Character In、ffx" 预置动画。

　　（4）选中 "数码时代" 层，按下 < U > 键，可以看到有两个关键帧，将第二个关键帧移动到 1 秒 15 帧处，如图 5 - 99 所示。

图 5 - 99

（5）选中"数码时代"层，选择菜单中的"Effect→Generate→4 – Color Gradient"命令，给图层添加特效。在"Effects Controls"特效面板中设置参数，如图5 – 100所示。

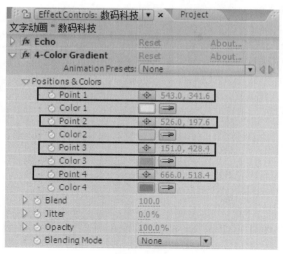

图 5 – 100

知识窗

调节部分或全部粒子状态。可以使用重力在设定方向上牵引粒子，或使粒子相互排斥，或使用墙将粒子约束在某个区域。

（6）制作渐变动画效果。将时间轴移动到0秒处，点击"Point 1"选项的码表设置关键帧，再将时间轴移动到2秒18帧处，设置参数为（380，234）。

（7）制作阴影效果。选中"数码时代"层，选择菜单中的"Effect→Perspective→Drop Shadow"命令，给图层添加特效。在"Effects Controls"特效面板中设置参数，如图5 – 101所示。

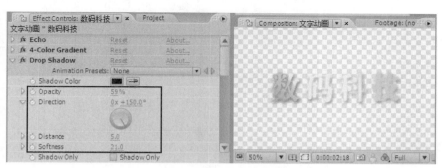

图 5 – 101

（8）制作倒角效果。选中"数码时代"层，选择菜单中的"Effect→Perspective→Bevel Alpha"命令，给图层添加特效。在"Effects Controls"特效面板中设置参数，如图5 – 102所示。

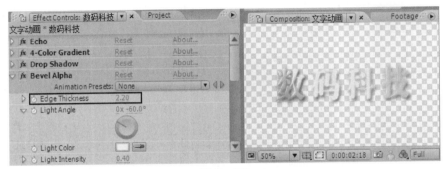

图 5 – 102

（9）制作发光效果。选中"数码时代"层，选择菜单中的"Effect→Stylize→Glow"命令，给图层添加特效，参数不变。

4. 制作最终效果

（1）按 < Ctrl + N > 组合键，新建一个合成，在弹出的"Composition Setting"对话框中设置参数，命名为"最终效果"。

（2）将项目面板中的"背景""文字雨""文字动画"合成拖动到"最终效果"中，并将"文字雨"层的不透明度设置为 45%，如图 5 – 103 所示。

图 5 – 103

（3）按 < Ctrl + Y > 组合键，新建一个黑色固态层，命名为"渐变"。并将其放置在"文字动画"的下层。

（4）选中"渐变"层，选择菜单中的"Effect→Generate→Ramp"命令，给图层添加特效。在"Effects Controls"特效面板中设置参数，"Start Color"的值为 RGB（248，228，3），"End Color"的值为 RGB（0，108，255），如图 5 – 104 所示。

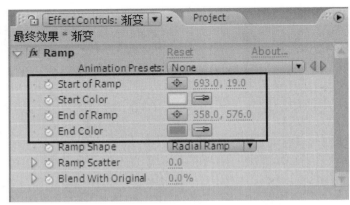

图 5 – 104

（5）设置图层混合模式。选中"渐变"层，将其图层混合模式设置为"Hue"，如图5－105所示。

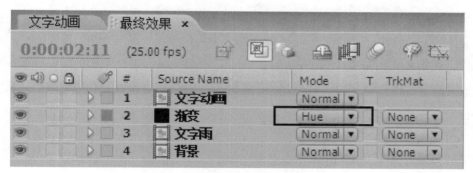

图 5－105

5. 打包文件，渲染输出

（1）执行菜单中的"File→Save"命令，保存文件。再执行菜单中的"File→Collect Files"命令，将文件打包。

（2）执行菜单中的"File→Export→Quick Time"命令，将"最终效果"渲染输出。

知识窗

调节部分或全部粒子状态。可以使用重力在设定方向上牵引粒子，或使粒子相互排斥，或使用墙将粒子约束在某个区域。

课堂练习

简单背景的制作。

文字预设动画的使用。

文字雨的制作。

小结

粒子特效制作下落的数字效果。主要涉及到文本替换粒子滤镜中的粒子，然后经过重影和模糊滤镜处理，从而产生拖尾的数字雨效果。

能力拓展

1. 变幻的光线。

2. 制作动态效果。

项目评议

班级_____　　　　姓名_____　　　　任课教师_____

	案例名称	工作态度（优良差）	讲授情况（优良差）	完成情况（优良差）			综合评价	
				出勤	纪律	作业	100 分	日期
1								
2								
3								
4								
5								
6								
7								
8								
9								
10								

注：1. 该项目评议期中或期末由教务人员每班抽查 5～10 名学生。

2. 该项目评议将作为该教师本学期教学效果考核的一项重要内容。

项目描述

提取单一颜色——Color Key 的应用。

快速合成视频背景——Keylight 的应用。

学习重点

● Keylight 的使用

● 键出单一颜色

● 滤镜 Color Key 的使用

任务一 提取单一颜色——Color Key 的应用

6-1-1 任务概述

通过一张背景颜色比较单一的图片练习使用 Color Key 滤镜抠像的一般方法，并熟悉 Color Key 的相关参数的使用方法。

6-1-2 任务要点

● 键出单一颜色

● 滤镜 Color Key 的使用

6-1-3 任务实现

【案例1】

Color Key 的创建与应用

"抠像"即"键控技术"，在影视制作领域是被广泛采用的技术手段，实现方法也普遍被人们知道。当您看到演员在绿色或蓝色构成的背景前表演，但这些背景在最终的影片中是见不到的，就是运用了键控技术，用其他背景画面替换了蓝色或绿色，这就是"抠像"。当然，与演员的服装、皮肤的颜色反差越大越好，这样键控比较容易实现。如果是实时的"抠像"都需要视频切换台或者支持实时色键的视频捕获卡，但价格比较昂贵。

知识窗

After Effects CS5 中，"抠像"并不是只能用蓝或绿，只要是单一的、比较纯的颜色就可以。

1. Color Key 抠像

Color Key 抠像滤镜通过指定一种颜色，然后将这种颜色和在指定范围内与这个颜色相似的颜色键出，如图6-1所示。

Color Tolerance（颜色容差）值越低，被键出的颜色范围越小；值越高，被键出的颜色范围越大。

图6-1

Edge Thin（边缘厚度）正值扩大屏幕蒙版的范围，增加透明区域；负值缩小屏幕蒙版的范围，减少透明区域，其范围在 -5~5。

Edge Feather（边缘羽化）其值越大，创建的边缘就越柔和，渲染和预览花费的时间也就越长。

2. 键出单一颜色

（1）新建合成文件，导入素材，如图6-2所示。

（2）执行"Effects→Keying→Color Key"命令，添加滤镜抠像特效。

（3）在特效面板中使用吸管工具

图6-2

来指定需要被键出

的颜色。

（4）拖拽 Color Tolerance（颜色容差）滑块，设置需要被键出的颜色范围值为 15。

（5）拖拽 Edge Thin（边缘厚度）滑块，设置键出边缘的厚度值为 2。

（6）拖拽 Edge Feather（边缘羽化）滑块，设置键出边缘的柔和度值为 20。

（7）按 Ctrl + S 快捷键保存工程文件，然后按 Ctrl + M 快捷键渲染输出。

知识窗

After Effects CS5 中，使用 Color Key 进行抠像只能产生透明和不透明两种效果，所以它只适合抠除背景颜色变化不大、前景完全不透明以及边缘明确的素材，而对于那些前景具有半透明区域的素材就无能为力了。

（8）过程如图 6-3 所示。

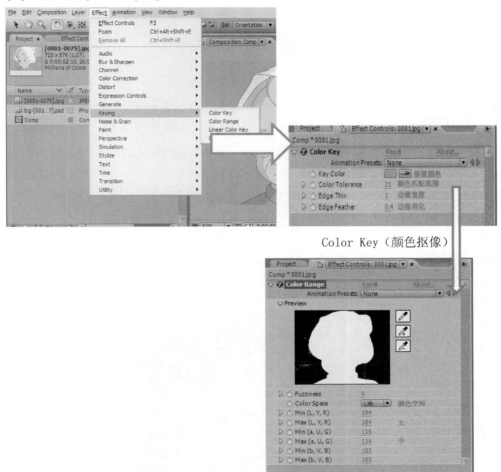

Color Key（颜色抠像）

color Range（颜色范围）

图 6-3

3. Linear Color Key（线性颜色抠像）

进行抠像处理前后效果，如图 6 - 4 所示。

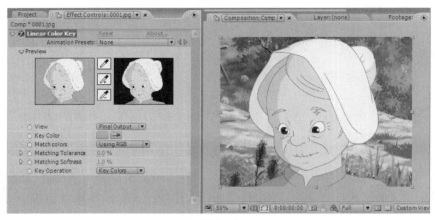

图 6 - 4

知识窗

After Effects CS5 中，Linear Color Key 可以用来进行抠像处理，也可用来保护其他误删除但不该删除的颜色区域。如果在图像中抠出的物体包含被抠像颜色，当对其进行抠像时这些区域可能也会变成透明区域，这时通过对图像施加该特效，然后在特效控制面板中设置 Key Operation > Keep Colors 选项找回不该去除的部分。

【案例 2】

制作玫瑰的扭曲效果

下面利用 Color Key 属性，制作一个玫瑰的扭曲效果。在制作该动画的过程中，学习 Color Key 的添加和应用，掌握通过 Color Key 特效来制作动画的技巧。本案例的最终效果，如图 6 - 5 所示。

图 6 - 5

操作步骤

（1）启动 After Effects CS5 软件。

（2）按 < Ctrl + N > 键，新建一个合成，在弹出的"Composition Setting"对话框中设置参数，命名为"扭曲的玫瑰"。

（3）按 < Ctrl + I > 键，导入"浪漫的邂逅 folder→Footage"文件夹中的素材"玫瑰.jpg"。并将其拖动到时间线窗口中。

（4）抠白处理。

选中"玫瑰"图层，选择菜单栏中的"Effect→Keying→Linear Color Keying"命令，为图层添加特效。

图 6 – 6

选择吸管工具，在合成窗口中点击白色区域，并设置参数，去除"玫瑰"图层的白色部分，如图 6 – 6 所示。

知识窗

After Effects CS5 中，特效通过比较两层画面，键出相应的位置中颜色相同的像素。

（5）制作玫瑰扭曲效果。选中"玫瑰"图层，选择菜单栏中的"Effect→Distort→Twirl"命令，为图层添加特效。并设置参数，如图 6 –7 所示。

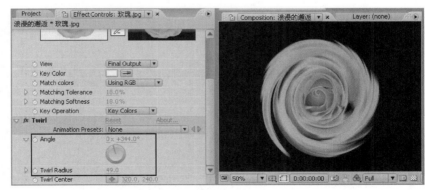

图 6 –7

任务二 快速合成视频背景——Keylight 的应用

6-2-1 任务概述

本任务通过两个视频素材，一个作为前景的将要被抠像的素材，另外一个是作为背景的素材进行视频背景的替换。对 Keylight 特效进行应用。

6–2–2 任务要点

● 滤镜抠像特效
● 滤镜 Keylight 的使用

6–2–3 任务实现

【案例3】

Keylight 的创建与应用

1. 键控的主要类型

（1）差异蒙版。差异蒙版最典型的应用是在静态背景、固定摄像机、固定镜头和曝光的情况下，只需要一帧背景素材，然后让对象在场景中移动，如图6–8所示。

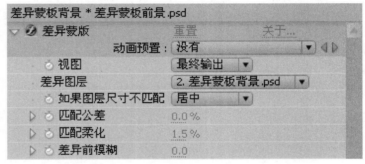

图 6–8

（2）抽出。抽出键控特效根据指定的一个亮度范围来产生透明，键出图像中所有与指定键出亮度相近的像素，如图6–9所示。

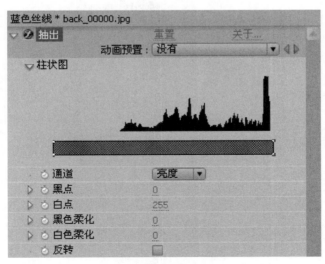

图 6–9

After Effects CS5 中，抽出键控特效典型的应用是当要保留的对象与要键出的图像的亮度对比强烈的情形。

（3）亮度键。亮度键特效键出与指定亮度相近的区域使其透明，如图 6 – 10 所示。

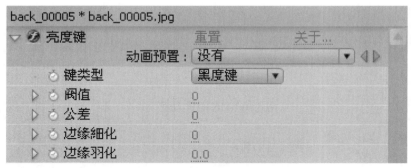

图 6 – 10

After Effects CS5 中，亮度键特效对于明暗反差比较大的图像非常有效。

（4）内部/外部键。内部/外部键特效是 After Effects 中非常高级的特效，它可以得到很好的键控效果。尤其适合于发丝和细小的轮廓的键控，典型的应用是处理演员的发丝。该特效一般需要借助多个遮罩来实现，如图 6 – 11 所示。

（5）色彩键。色键键控可以键出与键控色相近的颜色，如图 6 – 12 所示。

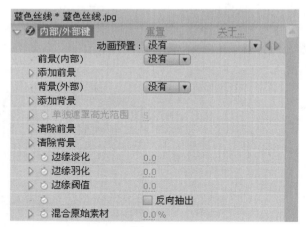

图 6 – 11

图 6 – 12

2. Keylight 的使用

（1）Keylight 面板，如图 6 - 13 所示。

（2）Keylight 的使用。①新建合成，导入素材。②执行"Effects → Keying → Keylight1. 2"命令，添加滤镜抠像特效。③使用颜色取样"吸管工具"  在"合成"预览窗口中取样前景视频中要键出的颜色。④按 < Ctrl + S > 快捷键保存工程文件，然后按 < Ctrl + M > 快捷键渲染输出。

图 6 - 13

知识窗

After Effects CS5 中，使用 Keylight 抠像滤镜可以很轻松的抠除带有阴影、半透明或者是毛发等素材，可以清除抠像蒙版边缘的溢出颜色，这样就使得前景和合成背景能更加协调。

【案例 4】

爱情城堡

本案例的最终效果，如图 6 - 14 所示。

图 6 - 14

操作步骤

1. 创建合成文件

（1）启动 After Effects CS5。执行菜单中的"File（文件）→ Import（导入）→ File（文件）"命令，导入"Keying 键抠像 folder → Footage"文件夹下的"背景 3. jpg"和"婚纱 4. jpg"图片。

（2）创建一个与"背景3.jpg"文件等大的合成图像。将"Project（项目）"窗口中的"背景3.jpg"拖到下方的创建新的合成图像图标上，从而创建一个与背景图片文件等大的合成图像。

（3）将"婚纱4.jpg"文件从"Project（项目）"窗口中拖入到"背景3"合成文件的时间线窗口中，调整图层顺序在背景图层的上方。

2. 进行抠像处理

（1）对"婚纱4.jpg"层进行初步抠像处理。在"时间线"

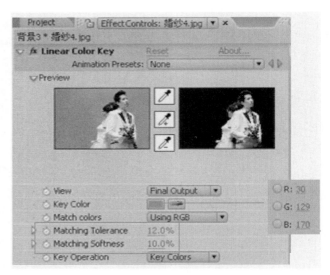

图6-15

窗口中选择"婚纱4.jpg"层，然后执行菜单中的"Effect（效果）→Keying（键控）→Linear Color Key（线性颜色抠像）"命令，在"Effect Controls（效果控制）"面板中设置参数，如图6-15所示。

知识窗

我国通常采用蓝屏作为抠像的拍摄背景。欧美由于很多人的眼睛是深浅不一的蓝色，如果用蓝屏背景，抠像时容易将人眼抠除。为了避免这种问题，欧美多采用绿屏作为抠像的拍摄背景。

（2）此时图像大部分的蓝色已被去掉，但任务边缘和图像上方的局部还残留少量的蓝色，下面通过Spill Suppressor（溢出控制）特效将其进行去除。在"时间线"窗口中选择"婚纱4.jpg"层，然后执行"Effect（效果）→Keying（键控）→ Spill Suppressor（溢出控制）"命令，接着调整设置参数，如图6-16所示。

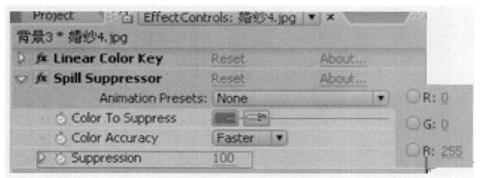

图6-16

（3）调整"婚纱4.jpg"文件在合成中的大小和位置。

3. 打包文件，渲染输出

（1）执行菜单中的"File→Save"命令，保存文件。再执行菜单中的"File→Collect Files"命令，将文件打包。

（2）执行菜单中的"File→Export→Quick Time"命令，将"背景3"渲染输出。

知识窗

After Effects CS5 中，键控特效是 After Effects 中非常高级的特效，综合运用它可以得到很好的抠像效果。

课堂练习

对素材进行抠像处理。

小结

在本章中，我们认识键控以及各种键控设置的方法，对抠像技术有了较全面的认识，创造性地使用设置它们的参数才能编辑合成出让人赏心悦目的数字视频节目和作品。

能力拓展

制作如图所示的"风车转转转"栏目片头效果。

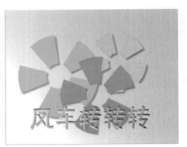

项目评议

班级_____   姓名_____   任课教师_____

	案例名称	工作态度（优良差）	讲授情况（优良差）	完成情况（优良差）			综合评价	
				出勤	纪律	作业	100 分	日期
1								
2								
3								
4								
5								
6								
7								
8								
9								
10								

注：1. 该项目评议期中或期末由教务人员每班抽查 5～10 名学生。

2. 该项目评议将作为该教师本学期教学效果考核的一项重要内容。

项目七 | 色彩修正与调色技巧

项目描述

1. 学习 Levels 滤镜对画面影调的重新分布。
2. 学习使用 Curves 滤镜调节画面对比度。
3. 学习使用 Hue/Saturation 滤镜控制色调。

学习重点

● 了解 After Effects 中色彩修正各特效参数的意义，如图 7 – 1 所示

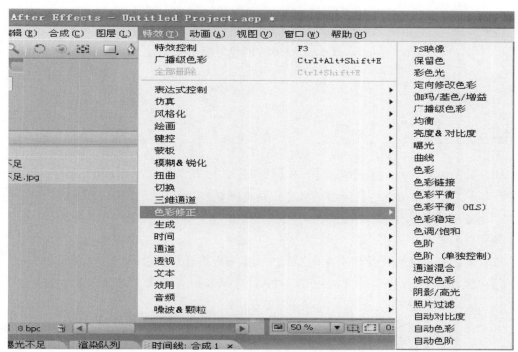

图 7 – 1

● 熟悉色彩修正各特效设置方法
● 掌握色彩修正各特效实际应用

7－1－1 任务概述

本任务通过"调查色效果"实例的制作，讲述对画面的高光和阴影进行调节，达到调整视频偏色的效果。

7－1－2 任务要点

● 调查色效果
● Levels 滤镜对画面影调的重新分布

7－1－3 任务实现

【案例1】

Levels 滤镜的创建与应用

知识窗

After Effects CS5 中，在【特效】→【色彩修正】命令的级联菜单中，用户可以选择相关的命令，对图像颜色的色调和色彩进行精确调整。

1. 调查色效果

（1）导入素材。

（2）将鼠标移动到背景的中度灰点上，观察 Info 面板中显示的颜色信息。

（3）执行"Effects→Color Correction→Levels"命令，根据上表计算出来的最终值依次调节 Levels 的 R 通道和 G 通道的 Input White 值。

（4）按 < Ctrl + S > 快捷键保存工程文件，然后按 < Ctrl + M > 快捷键渲染输出。

2. Levels 滤镜对画面影调的重新分布

选择画面上的任何一个中度灰点，一定要选择中间调，否则高光部分通道信号就会被剪掉，不能再调整回来。

Info 面板显示的 R、G、B 的值分别为108、136、146，其中 B 的值最大，如此可确定 B 的值为画面的中度灰点的值。最亮的地方为255，这就需要调整其他颜色通道的色阶，以蓝色通道亮度提升的比例来提高红色和绿色通道的亮度，使其与蓝色通道相匹配。计算方法如表7-1所示。

表7-1　　　　　　　　　　　　　　　计算方法

通道	原始值	系数	最终值
R	108		189
G	136	1.75	238
B	146		255

色阶面板如图7-2所示。

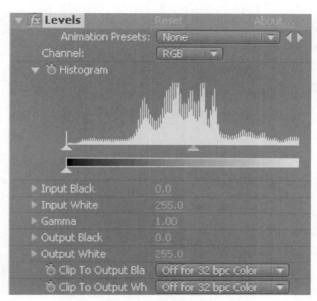

图7-2　色阶面板

知识窗

After Effects CS5 中，画面上的任何一点可定义为中度灰点。

【案例2】

淡彩效果的制作

淡彩是中国画的技法，是工笔画的一种，只能用国画里的植物颜色作画，禁用矿物质颜料。先用墨彩的方法把对象画到八九分，然后用淡薄的韵味，才能产生一种淡雅、朴素的效果。本案例的最终效果，如图7-3所示。

图7-3 淡彩效果图

操作步骤

（1）创建一个"预置"为的合成，画面大小设置为 800＊600，时间长度为 6 秒，像素长宽比设成 1，帧率为 25 帧/秒，将其命名为"淡彩"，如图 7-4 所示。

（2）双击工程窗口中的空白区域，将"淡彩"的图片导入，并将其添加到时间线面板中，如图 7-5 所示。

（3）选择淡彩图层，设置"大小/缩放"参数为（79.0，79.0％），如图7-6 所示。使图片略大于监视窗尺寸，如图 7-7 所示。

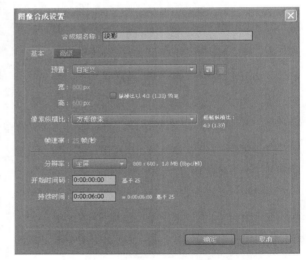

图7-4 新建一个名为"淡彩"的合成

图7-5 图片"淡彩"被添加到时间线面板上

图7-6 调整图像的大小

图7-7 调整大小后,图片尺寸略大于监视窗画面

知识窗

After Effects CS5 中,按快捷键 < S > 可以打开"大小/缩放"参数栏。

(4)选择"淡彩图层",将其选中,按"Enter"键将其改名为"淡彩图片",如图7-8所示。在时间面板中选中"淡彩图层",按组合键,复制一层。选中新建的图层,再按"Enter"键将其改名为"淡彩描边",如图7-9所示。

图7-8 将图层改名

图7-9 新建一个图层,并将其命名为"淡彩描边"

After Effects CS5 中，右击出现"重命名"，即可给图层改名。

（5）选择"淡彩描边"层并单击鼠标右键，在弹出的快捷菜单中选择"特效"——"风格化"——"查找边缘"选项。然后在"查找边缘"特效控制面板中，保持"混合原始图像"项参数为0%，即设置该描边轮廓效果与原图像不进行混合，如图7-10所示。此时画面效果，如图7-11所示。

图7-10 保持描边轮廓不与原图像进行混合　　图7-11 查找边缘后的画面效果

（6）选择"淡彩描边"层并单击鼠标右键，在弹出的快捷菜单中选择"特效"——"颜色修正"——"通道混合"选项。在"通道混合"特效控制面板中，勾选中下方的"单色"复选框，如图7-12所示。将选定图层内的图像应用为灰阶图，此时画面效果，如图7-13所示。

图7-12 选中"单色"复选框　　　　　　图7-13 画面色彩消失

知识窗

在"通道混合"特效控制面板中，一定要勾选中下方的"单色"复选框。

（7）选择"淡彩描边"层并单击鼠标右键，在弹出的快捷菜单中选择"特效"——"颜色修正"——"色阶"选项。在"色阶"特效控制面板中，设置"输入黑色阈值"为0.0，"输入白色阈值"为182.0，"伽马值"为1.39，具体参数调整，如图7-14所示。通过运用"色阶"特效，使图像中的部分灰色调像素转变为白色，该风景影像的轮廓勾选效果就更加明显了。应用完色阶特效的画面效果，如图7-15所示。

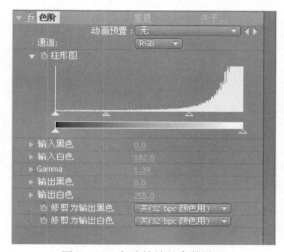

图7-14　色阶特效的参数设置

图7-15　画面中灰色区域部分变为白色

（8）选择"淡彩描边"层并单击鼠标右键，在弹出的快捷菜单中选择"特效"——"噪点和颗粒"——"中间值"选项。在"中间值"特效控制面板中，设置"半径"为2，如图7-16所示。调整后画面效果，如图7-17所示。

图7-16　中间值特效的参数设置

（9）单击"淡彩描边"层左侧的"眼睛"，如图7-18所示，在监视窗中隐藏"淡彩描边"层，使其不显示。

（10）选择"淡彩图片"层并单击鼠标右键，在弹出的快捷菜单中选择"Effect（特效）"——"Color correction（颜色修正）"——"Corves（曲线）"选项。在Curves（曲线）特效控制面板中，将channel（通道）设置为RGB，调整Curves曲线上半部分的节点位置，使其呈现较圆滑的下落曲线形状，如图7-19所示。调整后画面效果如图7-20所示。

图 7 – 17　应用了中间值特效的画面效果

图 7 – 18　隐藏"淡彩描边"层

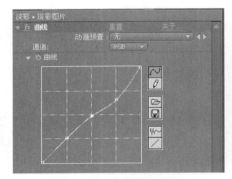

图 7 – 19　曲线参数设置

图 7 – 20　曲线调整后画面的效果

知识窗

调整 Curves 曲线上半部分的节点位置，可以降低画面中亮部区域的亮度。

（11）选择"淡彩图片"层并单击鼠标右键，在弹出的快捷菜单中选择"Effect（特效）→Noise Gain（噪点和颗粒）→中间值"选项。在中间值特效面板中，设置半径为 8，如图 7 – 21 所示。调整后画面效果如图 7 – 22 所示。

图 7 – 21　中间值特效的参数设置

图 7 – 22　应用完中间值特效的画面

（12）选择"淡彩图片"层，将其选中，按组合键＜Ctrl＋D＞，复制一层，生成"淡彩图片2"，如图7－23所示。

图7－23 将"淡彩图片"层复制，生成"淡彩图片2"层

（13）选择"淡彩图片2"层并单击鼠标右键，在弹出的快捷菜单中选择"特效→模糊锐化→快速模糊"选项。在快速模糊特效控制面板中，设置模糊为15.0，如图7－24所示。调整后画面效果如图7－25所示。

图7－24 快速模糊特效的参数设置

图7－25 应用完快速模糊的画面

（14）选择"淡彩图片2"层，调出该层透明度属性选项，设置透明度参数为35，并将该层的混合模式调整成变暗，如图7－26所示。混合后的画面效果，如图7－27所示。

图7－26 调整图层的透明度和混合模式

图7－27 两层淡彩图片层叠加后的画面

After Effects CS5 中，按快捷键 <T> 可以打开"透明度"参数栏。

（15）按住 <Ctrl> 键的同时选中"淡彩图片 2"层和"淡彩图片"层，按组合键 <Ctrl + Shift + C> 对这两个图层进行合并预合成操作。在弹出窗口中为新建的子合成文件取名为"淡彩合成"，并选中（把层属性移动到新建的子合成文件）选项，如图 7-28 所示，单击"OK"按钮确认。

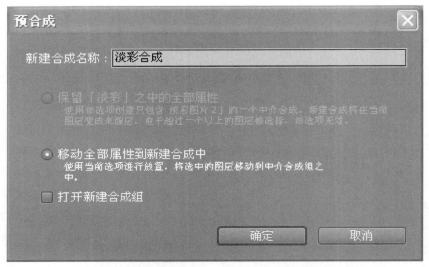

图 7-28　将"淡彩图片 2"层和"淡彩图片"层合并

（16）选择"淡彩合成"导入并单击鼠标右键，在弹出的快捷菜单中选择"特效"——"扭曲"——"液化"选项。在"液化"特效控制面板中，展开"工具"选项，并选择手型工具，如图 7-29 所示。展开"弯曲工具"，设置"笔刷大小"为 25，"笔刷笔压"为 80，"变形率"为 100，如图 7-30 所示。

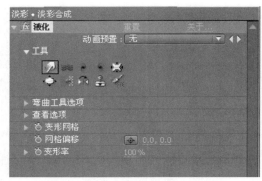

图 7-29　选择液化特效的手型工具

图 7-30　液化特效的参数调整

"液化"选项的应用。

（17）将鼠标移动到合成图像监视窗中，鼠标变成圆形，用鼠标沿着风景影像内物体轮廓边缘处进行涂抹，直至得到较好的水墨晕染的笔触效果，如图7-31所示。

图7-31　调整后的画面效果

（18）单击"淡彩描边"层左侧的"眼睛"，在监视窗中显示"淡彩描边"层。选择"淡彩描边"层，按<T>键，调出该层的"透明度"属性选项，设置"透明度"参数为27%，并将该层的"混合模式"调整为"叠加"，如图7-32所示。两层叠加后淡彩效果有了雏形，混合后的画面效果，如图7-33所示。

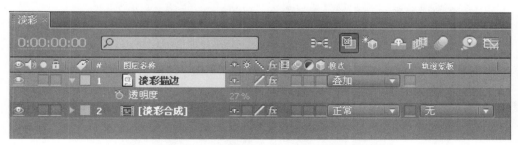

图7-32　设置"淡彩描边"层的透明度和叠加方式

图 7 – 33　混合后的画面效果

（19）双击工程窗口中的空白区域，将"宣纸"导入，并将其添加到时间线面板中，调整层位置，使宣纸层位于最上方。按快捷键＜S＞打开"大小／缩放"参数栏，设置参数为（104.0，104.0%），如图 7 – 34 所示。

图 7 – 34　设置比例效果

（20）选择"宣纸"层并单击鼠标右键，在弹出的快捷菜单中选择"特效"——"颜色修正"——"曲线"选项。在"曲线"特效控制面板中，将"通道"设置为"蓝色"，调整"曲线"中间节点位置，使其呈现较圆滑的下落曲线形状，如图 7 – 35 所示。此时宣纸画面效果偏黄，如图 7 – 36 所示。

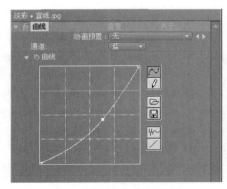

图 7 – 35　曲线参数设置　　　　图 7 – 36　曲线调整后的宣纸画面效果

（21）选择"宣纸"层，按<T>键，调出该层的"透明度"属性选项，设置"透明度"参数为36%。将该层的"混合模式"调整成"线性变暗"，如图7-37所示。混合后的画面效果，如图7-38所示。

图7-37　设置"宣纸"层的透明度和叠加方式

图7-38　叠加上宣纸层的画面效果

（22）新建一个固态层，将其命名为"文字"，设置颜色为黑色，在图层堆栈中将文字图层放置在"宣纸"层的上面，如图7-39所示。

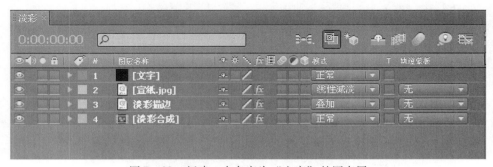

图7-39　新建一个名字为"文字"的固态层

（23）选择"文字"层，为其添加"基本文字"特效，输入"淡彩效果制作"，设置为纵向显示方式，字体类型设置为华文行楷，如图7-40所示。

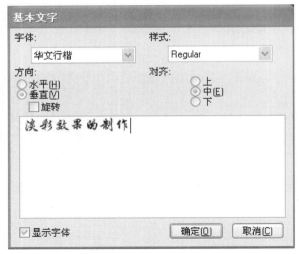

图 7 – 40　文字的属性设置

知识窗

After Effects CS5 中，"基本文字"特效在"特效"——"旧版本"——"基本文字"。

（24）进入特效设置窗口，设置文字位置、大小和颜色，具体参数设置如图 7 – 41 所示，字幕的效果如图 7 – 42 所示。

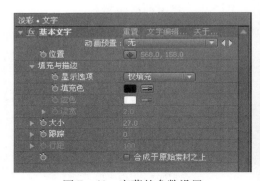

图 7 – 41　字幕的参数设置

图 7 – 42　字幕在画面中的效果

（25）选择"文字"层，为其添加"特效"——"模糊和锐化"——"快速模糊"特效，进入特效设置窗口，设置"模糊量"的值为 15.0，如图 7 – 43 所示。

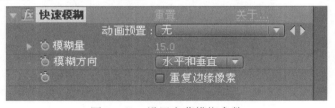

图 7 – 43　设置字幕模糊参数

（26）选择"文字"层，按组合键将其复制一层。进入上层"文字"层的特效设置窗口，按"删除"键删除该层中的"快速模糊"特效，并将该层的叠加模式设置为"正片叠加模式"，如图 7 - 44 所示。此时的画面效果如图 7 - 45 所示。

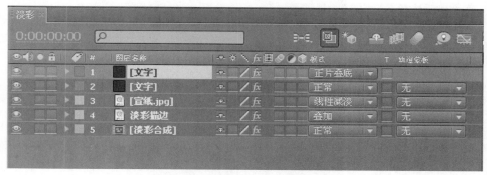

图 7 - 44　设置上层文字的叠加方式

图 7 - 45　两层字幕叠加后的画面效果

（27）选择时间线窗口，单击菜单中的"层"——"新建"——"调节层"选项，新建一个调节层，在默认情况下调节层位于时间线的最上层。用鼠标移动调节层的位置，将调节层移动到"淡彩描边"层的下方，如图 7 - 46 所示。此时调节层只影响底层的"淡彩合成"层。

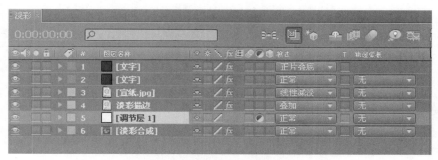

图 7 - 46　调整调节层的位置

（28）选择调节层并单击鼠标右键，在弹出的快捷菜单中选择"特效"——"颜色修正"——"色相/饱和度"选项。在"色相/饱和度"特效控制面板中，将"通道控制"设置为"主"，"主饱和度"设置为 -20，"主亮度"调整为 11，如图 7 -47 所示。淡彩效果制作完成，最终效果如图 7 -48 所示。

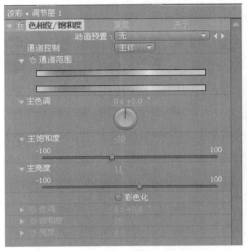

图 7 -47　色相/饱和度特效的参数设置

图 7 -48　淡彩效果

知识窗

After Effects CS5 中，使用"色阶"命令，对图像文件进行色彩和色调调整。

课堂练习

参考本任务中的实例调整视频中杯子的偏色。

小结

淡彩效果的制作首先通过复制生成新图层，运用等特效，制作出风景影像的白描图画效果。然后运用"色阶""通道混合""查找边缘"等特效，结合调整图层混合模式及创建调节图层等方法，在风景影像素材基础上制作出清幽淡雅的淡彩效果。

能力拓展

制作如图所示的水彩效果。

任务二 使用 Curves 滤镜调节画面对比度

7 – 2 – 1 任务概述

本任务通过使用 Curves 滤镜来改变布达拉宫远景照片的对比度，达到照片中影调的整体效果改变。

7 – 2 – 2 任务要点

● 改变照片效果
● 使用 Curves 滤镜调节画面对比度

7 – 2 – 3 任务实现

【案例 3】

Curves 滤镜的创建与应用

1. 改变照片效果
（1）启动软件、导入素材。
（2）执行"Effects→Color Correction→Curves"命令，进行调色处理。
（3）按 < Ctrl + S > 快捷键保存工程文件，然后按 < Ctrl + M > 快捷键渲染输出。
2. 使用 Curves 滤镜调节画面对比度
面板如图 7 – 49 所示。
如果要增大画面的对比度可将 Curves 曲线调节成 S 状。因为 S 状的曲线正好是将画面

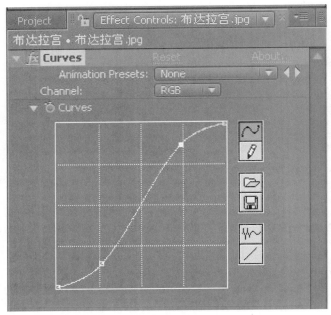

图 7 –49

中的较暗部分的 Output 亮度值降低，将画面中较亮部分的 Output 亮度值增大，这样就将影调中较暗部分和较亮部分的层次拉开了。

如果要降低画面的对比度可将 Curves 曲线调节成反 S 型曲线，因为反 S 型曲线正好是将画面中较暗的部分的 Output 亮度提升，将画面中较亮部分的 Output 亮度降低，这样就将影调中较暗部分和较亮部分的层次压缩了。

知识窗

要使画面的影调过渡自然，曲线就需要比较光滑，如果两个 Curves 曲线点靠得很近，就可能使得曲线上的两个点的过渡不是很自然，从而产生过度曝光的效果。

【案例 4】

神秘国度

本案例的最终效果，如图 7 –50 所示。

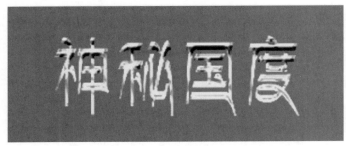

图 7 –50

操作步骤

1. 创建合成文件

新建一个合成文件，在菜单中选择"Composition（合成）→New Composition（新建合成）"命令，新建一个合成。然后在弹出的"Composition Setting（合成图像设置）"对话框中设置参数。

2. 创建金属文字效果

（1）创建文字。执行菜单中的"Layer（图层）→New（新建）→Text（文本）"命令，在合成窗口中输入"神秘国度"，在"Character（特征）"面板中设置参数，如图7－51所示。

图 7－51

（2）对文字进行渐变处理。在"时间线"窗口中，选择上一步新建的文字层，然后执行菜单中的"Effect（效果）→Generate（渲染）→Ramp（渐变斜面）"命令，给它添加一个Ramp（渐变斜面）特效。接着在"Effect Controls（效果控制）"面板中设置参数，如图7－52所示。

图 7－52

（3）对文字进行立体处理。在"神秘国度"层上执行菜单中的"Effect（效果）→ Perspective（透视）→Bevel Alpha（倒角）"命令，给它添加一个 Bevel Alpha（倒角）特效。然后在"Effect Controls（效果控制）"面板中设置参数，如图 7－53 所示。

图 7－53

（4）对文字进行曲线处理。执行菜单中的"Effect（效果）→Color Correction（色彩校正）→Curves（曲线）"命令，给它添加一个 Curves（曲线）特效。然后在"Effect Controls（效果控制）"面板中，展开"Curves"栏，在值图中增加 3 个控制点，并调整控制点的位置，如图 7－54 所示。

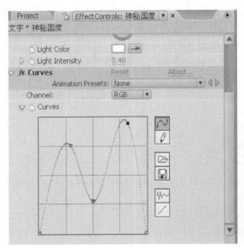

图 7－54

知识窗

控制点的增加只要在曲线上单击就可以。

（5）在"Timeline（时间线）"窗口中，选择"神秘国度"层，按快捷键 < Ctrl + D > 两次，从而复制出"神秘国度 2"和"神秘国度 3"。

（6）展开"神秘国度3"层的 Bevel Alpha（倒角）效果的"Light Angle（灯光角度）"属性栏，将时间线移至第0帧的位置，打开关键帧记录器，将数值设为"－70"。然后将时间线移至第10秒的位置，将"Light Angle（灯光角度）"值设为"100"，如图7－55所示。

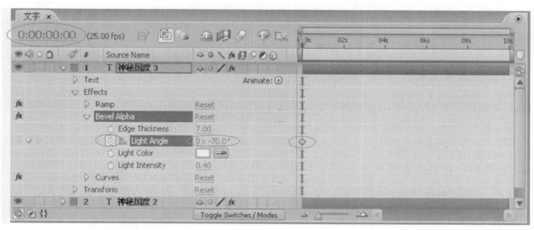

图7－55

（7）同理，展开"神秘国度2"层的 Bevel Alpha（倒角）效果的"Light Angle（灯光角度）"属性栏，将时间线移至第0帧的位置，打开关键帧记录器，将数值设为"50"，然后将时间线移至第10秒的位置，将"Light Angle（灯光角度）"值设为"－20"。

知识窗

通过改变灯光照射的方向，从而改变字体的阴影与高光的交互变化，产生光影流动的效果。

（8）在"时间线"窗口中，打开"层模式"面板。分别将"神秘国度2""神秘国度3"的层模式设置为"Soft Light（柔化）"模式与"Add（加色）"模式，如图7－56所示。

图7－56

（9）此时，文字的金属质感已经显示出来了。为了便于观看，为其施加一个彩色的背景。执行菜单中的"Layer（图层）→New（新建）→Solid（固态层）"命令，在弹出的对话框中设置如图7－57所示，单击"OK"按钮，接着将"背景"层放置到最底层。

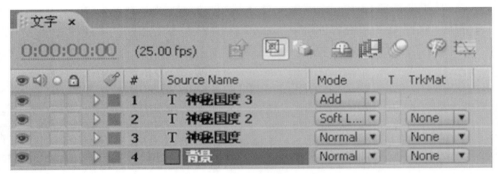

图 7-57

3. 打包文件, 渲染输出

(1) 执行菜单中的 "File→Save" 命令, 保存文件。再执行菜单中的 "File→Collect Files" 命令, 将文件打包。

(2) 执行菜单中的 "File→Export→Quick Time" 命令, 将 "文字" 渲染输出。

知识窗

通过多种途径综合特效的应用来修饰画面。

课堂练习

通过对 "曲线" 命令进行调整, 制作文字效果。

小结

通过扫描仪和数码相机获得图像文件时, 用户常常会出现图像文件、图像颜色色调过暗、过亮或颜色色调不够均衡等情况。这时就可以 "曲线" 命令, 对图像文件进行调整。

能力拓展

参考本任务中的实例制作文字 "银河舰队" 的金属字效果。

7-3-1 任务概述

本任务通过使用 Hue/Saturation 滤镜来改变森林图片的色调，达到调整影片的明暗。

7-3-2 任务要点

●制作调整影片的明暗
●使用 Hue/Saturation 滤镜控制色调

7-3-3 任务实现

【案例 5】

Hue/Saturation 滤镜的创建与应用

1. 制作调整影片的明暗

（1）启动软件，导入素材。

（2）执行"Effect→Color Correction→Hue→Saturation（色相/饱和度）"命令，使用该滤镜对画面中绿色部分进行颜色调整。在 Channel Control 中选择 Green 通道，提取画面的绿色部分。在 Channel Range 中设置绿色通道的范围，Green Hue 为 0 × -80.0，Green Saturation 为 10。

（3）按 < Ctrl + S > 快捷键保存工程文件，然后按 < Ctrl + M > 快捷键渲染输出。

2. 使用 Hue/Saturation 滤镜控制色调

色相/饱和度特效面板如图 7-58 所示。

Channel Control：控制受滤镜影响的通道，当值为 Master 时，影响所有通道，当

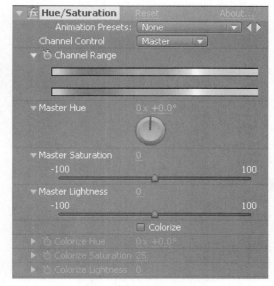

图 7-58

值不是 Master 时，调整 Channel Range 参数控制受影响通道的具体范围。

Channel Range：显示通道受影响范围。

Master Hue：控制指定颜色的色调。

Master Saturation：控制指定颜色通道的饱和度。

知识窗

用户使用 After effects 中的"色彩平衡""彩色光"和"伽马/基色/增益"命令，可以同时进行图像色彩的调整处理。

【案例 6】

水墨画效果的制作

水墨画被视为中国传统绘画，是国画的代表。基本的水墨画中仅有水与墨，黑与白。水墨画效果是对画面进行调整，使画面具有水墨画风格。制作过程中需要用到查找边缘、色相/饱和度、色阶特效，通过设定相应参数，配合叠加方式，完成效果制作。水墨画效果如图 7 – 59 所示。

图 7 – 59　水墨画效果图

操作步骤

（1）创建一个预置为 PAL D1/DV 的合成，将其命名为"水墨"，设置时间长度为 20 帧，如图 7 – 60 所示。

（2）将"山水 01"文件导入，并将其添加到时间线面板中。按 ＜ S ＞ 键打开"大小/缩放"参数栏，设置参数为（73%，73%），如图 7 – 61 所示。

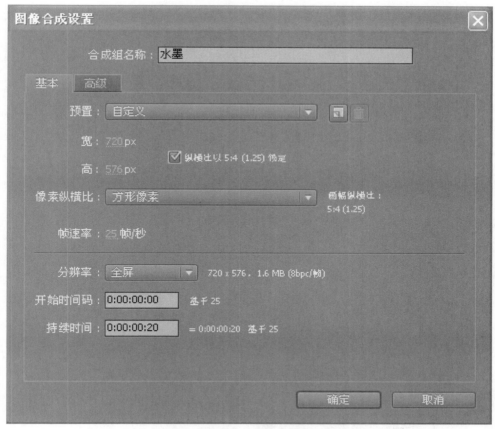

图7-60 新建一个名为"水墨"的合成

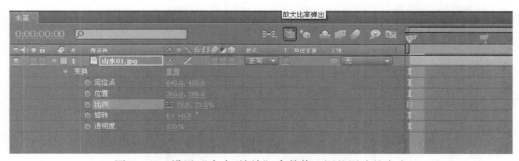

图7-61 设置"大小/缩放"参数值,调整图片的大小

(3)选择"山水01"层,向该层添加"特效→风格化→查找边缘"特效,特效参数采用默认值,此时效果如图7-62所示。

(4)选择"山水01"层,向该层添加"特效→颜色修正→色相/饱和度"特效,进入特效设置窗口,设置"材料饱和度"为-100,如图7-63所示。

图7-62 应用了"查找边缘"特效的画面

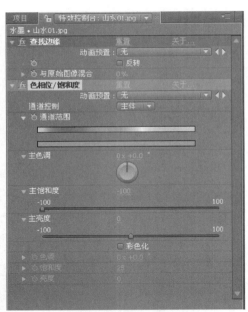

图7-63 调整饱和度使画面变为黑白效果

（5）选择"山水01"层，为其添加"特效 →颜色修正 →曲线"特效，进入特效设置窗口，设置参数如图7-64所示。加深图片的边缘线，让亮的地方更亮，暗的地方更暗。完成曲线调整的画面如图7-65所示。

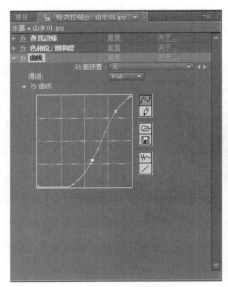

图7-64 "曲线"特效中的曲线图

图7-65 曲线调整后的画面

知识窗

添加"曲线"特效的目的是去除混乱的杂点。

（6）选择"山水01"层，按组合键＜Ctrl＋D＞将其复制一层，设置叠加模式为"正片叠底模式",如图 7-66 所示。

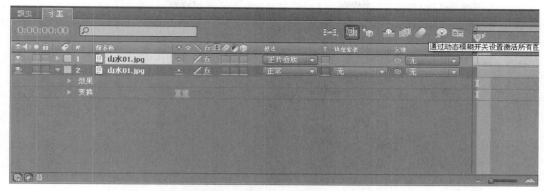

图 7-66 将新建层的叠加方式设置成"正片叠底模式"

(7)向复制出的"山水 01"层添加"特效→模糊和锐化→快速模糊"特效,进入特效设置窗口,设置"模糊值"的值为 40,如图 7-67 所示,调整后的画面如图 7-68 所示。

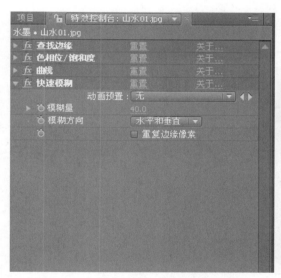

图 7-67 将新建层的"模糊值"设置为 40

图 7-68 经过模糊调整后的画面

(8)新创建一个合成,将其命名为"水墨 02",参数和合成"水墨"的一样,如图 7-69 所示。

知识窗

还可以从项目窗口中创建合成,单击项目窗口中 ![按钮] 按钮,可以创建新的合成。

(9)将"宣纸"文件导入,并将其添加到合成"水墨 02"中,如图 7-70 所示。

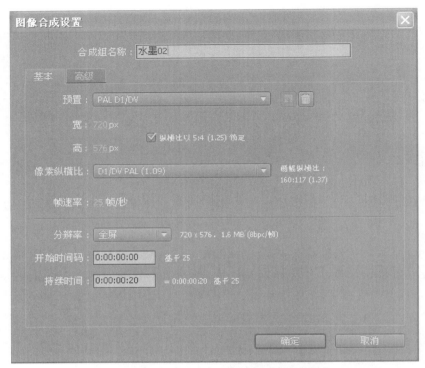

图 7 - 69　新建一个名为"水墨02"的合成

图 7 - 70　"宣纸"文件被添加到合成"水墨02"中

（10）将合成"水墨"也添加到合成"水墨02"中，位置在宣纸层之上，叠加模式设置为"正片叠底模式"，如图 7 - 71 所示，叠加后的画面如图 7 - 72 所示。

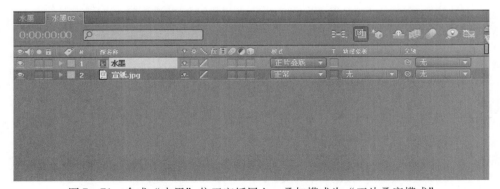

图 7 - 71　合成"水墨"位于宣纸层上，叠加模式为"正片叠底模式"

（11）新建一个固态层，将其命名为"文字"，匹配合成大小，设置颜色为黑色，如图7-73所示。在图层堆栈中将文字层放置在"宣纸"层的上面，如图7-74所示。

图7-72　叠加在宣纸层上的画面　　　　　图7-73　新建一个名字为"文字"的固态层

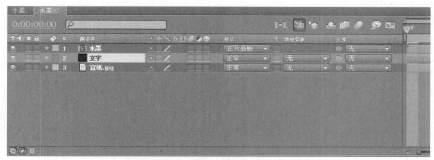

图7-74　新建的"文字"层位于"宣纸"层上方

（12）选择"文字"层，为其添加"特效→旧版本→基本文字"，输入"水墨画效果"，设置为纵向显示方式，字体类型设置为华文行楷，如图7-75所示。

（13）进入特效设置窗口，设置文字位置、大小和颜色，具体参数如图7-76所示，字幕的效果如图7-77所示。

（14）选择"文字"层，为其添加"特效→模糊和锐化→快速模糊"特效，进入特效设置窗口，设置"模糊值"的值为40.0，如图7-78所示。

图7-75　文字的相关设置

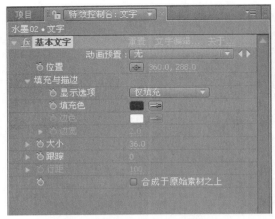

图 7 – 76 文字的相关参数设置

图 7 – 77 添加字幕后画面的效果

知识窗

创建文本后可以在 Workspace（工作界面切换）区域直接切换到 Text（文本操作界面），在文本界面中 Character（字符）面板中可对文本字体类型、字体大小、颜色、字间距、行间距和比例关系等项目设置、Paragraph（段落）面板中提供文本左对齐、中心对齐和右对齐等段落设置；Align（排列）面板提供了常用水平排列和垂直排列方式。

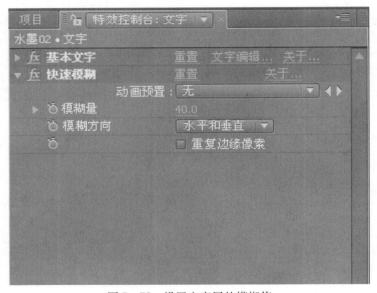

图 7 – 78 设置文字层的模糊值

（15）选择"文字"层，按组合健 < Ctrl + D > 将其复制一层，如图 7 – 79 所示。进入上层"文字"层的特效设置窗口，按 < Delete > 键删除该层中的"快速模糊"特效，并将该层的叠加模式设置为"正片叠底模式"，如图 7 – 80 所示。至此，水墨画效果就制作完成了，效果如图 7 – 81 所示。

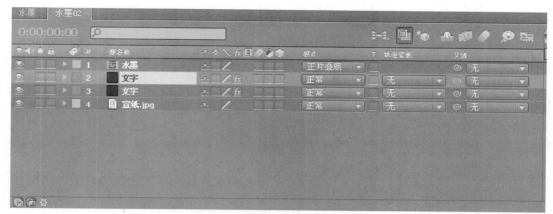

图7-79 复制"文字"层

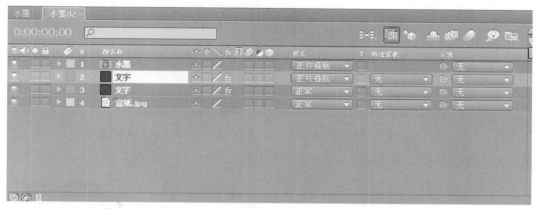

图7-80 将上层"文字"层叠加方式设置为"正片叠底模式"

图7-81 水墨画效果图

知识扩展

水墨画效果的制作也可以通过其他途径来完成，但总体的思路、流程大致相同。接下来介绍另一种水墨画的制作方法，作为学习的参考。

（1）新建一个合成，将素材添加到时间线面板中，向该层添加"特效→颜色校正→色相/饱和度"特效，进入特效设置窗口，设置"饱和度"为－100，使画面变成黑白。

（2）选择命令"特效→颜色修正→亮度/对比度"特效，进入特效设置窗口，提升画面的对比度，此时画面效果如图7－82所示。

图7－82　提升对比度后的画面

（3）选择命令"特效→模糊和锐化→快速模糊"特效，进入特效设置窗口，设置"模糊值"的值为13，如图7－83所示，调整后的画面如图7－84所示。

图7－83　调整快速模糊的参数

图7－84　模糊处理后的画面效果

（4）将素材再次添加到时间线，新素材位于上层，调整画面比例，使上下画面完全重合，如图7－85所示。

（5）向该层添加"特效→颜色修正→色调/饱和度"特效，进入特效设置窗口，设置"Master Saturation"为－100，使画面变成黑白色调。

（6）向该层添加"特效→风格化→查找边缘"特效，特效参数保持默认状态，此时画面效果如图7－86所示。

（7）向该层添加"特效→颜色修正→曲线"特效，去除画面中灰色部分，降低高亮区域的层次。曲线图如图7－87所示，画面效果如图7－88所示。

图7-85 调整上层画面比例，使上下层画面重合

图7-86 给画面添加查找边缘特效

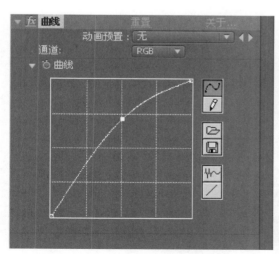

图7-87 "曲线"特效中的曲线图

图7-88 曲线调整后的画面效果

（8）向该层添加"特效→模糊和锐化→高斯模糊"特效，给画面加一点高斯模糊，

画面效果如图7-89所示。设置该层的叠加模式为"正片叠底模式"，合成后画面效果如图7-90所示。

图7-89 加入高斯模糊后的画面效果

图7-90 上下层叠加后的效果

（9）将"宣纸"文件导入，添加到时间线上最上层，设置层叠加方式为"正片叠底模式"，此时水墨画效果制作完成，最终画面效果如图7-91所示。

两种水墨画的制作方式，略有区别。使用的特技顺序不同，最终效果也有较大的差异。可以根据喜好，选择自己喜欢的水墨画制作方法。

图7-91 叠加上宣纸后的画面效果

知识窗

需要注意的是，对于基本的视频制作和特效合成处理并不需要在图层上运用太多的调色特效，"色阶""曲线""色相/饱和度"基本工具完全可以高质量地优化和调整各个颜色通道的亮度、对比度和灰度系数，从而实现影片画面的色调平衡。

课堂练习

制作如图所示的水墨效果。

小结

    本项目此案例的知识重点是完成对画面颜色的调整及校正。对画面进行色彩调整和校正的目的是为了优化画面效果，实现素材间色彩的完美匹配，使影片画面中的元素相互协调统一，达到预期的画面效果。After Effects 中常用的调色和校色工具均聚集在"颜色校正"特效系列内。

能力拓展

    流光溢彩 LOGO。

项目评议

班级_____　　　　姓名_____　　　　任课教师_____

	案例名称	工作态度（优良差）	讲授情况（优良差）	完成情况（优良差）			综合评价	
				出勤	纪律	作业	100分	日期
1								
2								
3								
4								
5								
6								
7								
8								
9								
10								

注：1. 该项目评议期中或期末由教务人员每班抽查 5 ~ 10 名学生。

     2. 该项目评议将作为该教师本学期教学效果考核的一项重要内容。

跟踪、稳定与表达式技术

项目描述

1. 学习运动跟踪特技的应用。
2. 学习画面稳定技术及父子关系的应用。
3. 学习神奇表达式的应用。

学习重点

● 了解 After Effects 中的表达式的应用技巧
● 掌握运动跟踪特技的应用
● 掌握画面稳定技术及父子关系的应用
● 能将表达式应用到具体实例中

任务一 运动跟踪特技的应用

8-1-1 任务概述

运动跟踪就是使一个图层对象始终跟随在一个运动的对象之后移动，本任务将通过"马赛克影像"实例来讲述运动跟踪影像特技的基本操作方法。

8-1-2 任务要点

● 运动跟踪的创建
● 应用运动跟踪——马赛克影像

8-1-3 任务实现

【案例1】

运动跟踪特技的创建与应用

1. 运动跟踪特技的创建

（1）跟踪原理。在 AE 中制作运动动画时，让一个图层跟随视频中的一个运动对象进行移动，这种操作被称为 Track Motion（运动跟踪）。利用这个技术可以非常容易地完成一个比较复杂的位置动画设定，如运动的汽车加贴图标志，飞机添加一个喷雾效果等。

AE 将通过图像帧内被选择区域的子像素和每个后续帧内的子像素进行匹配，来实现对运动的跟踪。被跟踪对象是视频中的一个运动的对象，如视频中运动的小球、汽车等，跟踪对象是一个图层中的内容，可以是一幅图像、一个静态的文本等。

（2）跟踪面板。当执行"Animation→Track Motion（创建运动跟踪）"命令时，可调出跟踪面板，如图 8-1 所示。

（3）跟踪类型。在 Track 面板中单击 Track Type（跟踪类型）Transform 按钮弹出 3 种跟踪类型。

Stablilize：稳定跟踪。

Parallel Corner pin：并行拐点跟踪。

PersPective Corner Pin：透视跟踪和 raw 位移跟踪。

图 8-1

2. 运动跟踪特技的应用

应用运动追踪的步骤如下：

步骤 1　选中进行运动追踪的目标层。

步骤 2　选择菜单命令【动画】|【追踪运动】，弹出【追踪控制】对话框。

步骤 3　单击【轨迹类型】选项栏旁边的三角形，在其下拉列表中显示追踪类型。系统共提供 5 种类型的追踪，分别是稳定、变换、平行角度、透视角度和 RAW。

步骤 4　运动追踪对话框通过中间的显示视窗对层图像进行监视，可以在对话框中定义追踪区域。

步骤 5　调整追踪区域的范围。

步骤 6　当选择【变换】追踪时，下边显示【位置】、【旋转】和【缩放】选项，用户可以选择进行不同的追踪。

步骤 7　当选择追踪类型后，单击【编辑目标】按钮设置施加目标。

步骤 8　单击【分析】的方向键进行追踪。

知识窗

需要注意的是，位置追踪方式将其他层或是本层中其有位置移动属性的特效参数连接到追踪对象的追踪点上，只有一个追踪区域。

旋转追踪是将追踪物件的旋转方式复制到其他层或是本层中具有旋转属性的特技参数上，它有两个追踪区域。

透视角度追踪可以在被追踪的素材上设定 4 个追踪区域。

【案例 2】

马赛克影像的制作

本案例的最终效果，如图 8 - 2 所示。

图 8 - 2

操作步骤

1. 创建合成文件

（1）启动 After Effects CS3。执行菜单中的"File（文件）→ Import（导入）→ File（文件）"命令，导入"运动跟踪——局部马赛克效果 folder → Footage → 格列佛游记 . avi"文件到当前"项目"窗口中。

（2）在"项目"窗口中，将"格列佛游记 . avi"拖到创建新的合成图像图标上，从而创建一个与"格列佛游记 . avi"文件等大的合成图像。

2. 制作运动跟踪效果

（1）创建马赛克尺寸。执行菜单中的

图 8 - 3

"Layer（图层）→New（新建）→Solid（固态层）"命令，然后在弹出的对话框中设置参数，单击"OK"按钮，如图8-3所示。

（2）在"Timeline（时间线）"窗口中选择"格列佛游记 .avi"层。然后执行菜单中的"Animate（动画）→Track Motion（轨迹运动）"命令，调出"Track Controls（轨迹控制）"面板，接着设置参数，如图8-4所示。最后单击  按钮，在弹出的对话框中设置参数，单击"OK"按钮，如图8-5所示。

图 8-4　　　　　　　　　　　　　　　　图 8-5

知识窗

需要注意的是，追踪工具通过两个追踪区域的相对位置移动计算出物件的位移与旋转角度，并且将这个位移和旋转角度的值应用到其他的层上，使其他层上的物件与被追踪的物件以相同的方式运动。

（3）调整运动追踪框的位置。

（4）单击"Track Controls（轨迹控制）"面板中的播放按钮，此时会看到每个跟踪点都会产生一个关键帧。

（5）单击"Tracker Controls（轨迹控制）"面板中的应用按钮，然后在弹出的对话框中设置参数，单击"OK"按钮，应用跟踪。此时在"时间线"窗口中展开"White Solid 1"层中的"Position（位置）"属性，会看到每个跟踪点都会产生一个关键帧，对应调整个别帧的位置，如图8-6所示。

图 8-6

3. 制作马赛克效果

（1）利用蒙版只显示局部模糊区域。方法为：在"Timeline（时间线）"窗口中，选择"局部模糊"层，单击"TrkMat"下的 None ▼ 按钮。然后在弹出的快捷菜单中选择"Alpha Matte'White Solid 1'"命令，如图8-7所示。

图8-7

（2）选择"格列佛游记.avi"层，然后执行菜单中的"Effect（效果）→Stylize（风格化）→Mosaic（马赛克）"命令，接着在"Effect Controls（效果控制）"面板中设置参数，如图8-8所示。

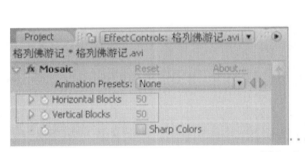

图8-8

（3）选择"Project（项目）"窗口中的"格列佛游记.avi"，将其再次拖入"Timeline（时间线）"窗口中，并放置在最底层，如图8-9所示。

图8-9

4. 打包文件，渲染输出

（1）执行菜单中的"File→Save"命令，保存文件。再执行菜单中的"File→Collect Files"命令，将文件打包。

（2）执行菜单中的"File→Export→Quick Time"命令，将"格列佛游记"渲染输出。

知识窗

需要注意的是，在追踪完成后，自动为追踪时选定的层增加 Corner Pin 的特技效果，然后将追踪结果记录到 Corner Pin 特技相应的效果上，由于是用 4 个点控制追踪时选定的层，因此可以产生透视效果。

课堂练习

根据所讲案例制作有关追踪效果。

小结

主要学习了 After Effects 中运动追踪的类型，比如位置跟踪、旋转跟踪、位置与旋转跟踪以及透视角度跟踪等。了解一下 After Effects 中运动追踪的应用，学会利用运动追踪控制动画。

能力拓展

制作如图所示的马赛克效果。

8-2-1 任务概述

本任务通过放大镜效果、"炫舞舞台效果"实例的制作来讲述如何利用 Adobe Effect 中的表达式来轻松制作重复、相似的动作，以及利用表达式来准确控制图层的各个属性变化等技巧。

8-2-2 任务要点

● 表达式的应用
● 放大镜效果

8-2-3 任务实现

【案例 3】

表达式的应用

1. 表达式的概念与参数加入表达式的方法

（1）表达式的概念。AE 软件中图层之间的联系主要通过关键帧、合并嵌套、父子连接、动力学脚本和表达式等五种方式来进行。在这几种方式中，表达式的功能最强大，一旦建立了表达式，任何关键帧都会与之建立永久的关系。

AE 中的表达式是以 JavaScript 语言为基础，为特定参数赋予特定值的一句或一组语句，最简单的表达式就是一个数值。

表达式分为单行表达式和多行表达式，无论哪种表达式都是为特定参数赋值，或完成特定的动作。

（2）参数加入表达式的方法。AE 中给参数添加表达式主要有以下两种方法：①在时间线上选择参数后，通过"Animation→Add Expression"（动画→添加表达式）命令或按 < Alt + Shift + = > 组合键或按住 < Alt > 键后单击要添加表达式属性的码表。②通过拾取线添加表达式，本任务中的实例就是用这种方法添加表达式。

2. 创建表达式的基本步骤

步骤 1 在时间线面板中选择一个图层的属性，然后选择主菜单【动画】|【添加表达式】命令。

步骤 2　执行以下任意操作：

在已存在的文本上直接输入表达式。如果需要，可以使用表达式语言菜单或元素指导帮助输入属性、功能以及常数。

将拾取手柄拖拽到时间线面板中其他属性上，或者特效控制器窗口的一个特效选项上，如果需要的话，修改拾取手柄结果。

步骤 3　点击表达式区域外面或者按数字键的 < Enter > 激活表达式。

知识窗

注意：如果表达式不被执行，After Effects 会显示错误信息并自动取消该表达式。一个黄色的警告图标会出现在表达式旁边，点击该警告图标查看错误信息。

3. 表达式的应用

炫舞舞台效果：

（1）启动软件，导入素材。

（2）创建一个与素材窗口大小一样的合成。

（3）创建第一个小球变化的运动动画。

（4）创建第二个小球的运动动画。

（5）用表达式关联第三个和第五个小球到第一个小球的运动动画。

（6）用表达式关联第四个到第 2 个小球的运动动画。

（7）调整色相/饱和度。

（8）添加气泡。

（9）添加三维效果并调整成地面效果。

（10）新建灯光图层，调整灯光效果。

（11）添加背景音乐。

（12）保存并发布动画。

【案例 4】

放大镜效果的制作

本案例效果是模拟使用放大镜来观看文字，为了让效果逼真，利用 Spherize 滤镜模拟放大镜膨胀的效果，利用表达式来限定膨胀范围，两个效果有机结合，制作出完美逼真的放大镜效果。

放大镜效果图如图 8 - 10 所示。

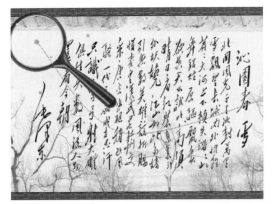

图 8 – 10　放大镜效果图

操作步骤

（1）执行"合成→新建合成"命令，新建"合成"窗口，命名为"放大镜"如图8 – 11所示。

（2）将"放大镜. TIF"和"书法字. Tag"文件导入，并将它们拖入到时间线窗口中，如图8 – 12所示。

（3）选中"放大镜. TIF"层，按下 < S > 键，展开"放大镜. TIF"层的"大小/缩放"属性，并将 Scale 属性值设置为50%，如图 8 – 13所示。

（4）选中"放大镜. TIF"层，按下 < A > 键展开"放大镜. TIF"层的"锚点"属性，并设置"定位点"的值为（183，178），使其在固定位置，如图 8 – 14 所示。

图 8 – 11　"放大镜"合成的设置

图 8 – 12　将素材添加到时间线上

图 8 – 13　"比例"属性设置

注意:"定位点"的值一定为固定位置,否则会出现错误信息。

图 8-14　合成监视窗中的画面效果

(5)"合成"监视窗中的画面效果如图 8-15 所示。

(6)单击工具箱中的"椭圆形蒙版"工具,在"合成"窗口中沿放大镜片绘制一个"遮罩",如图 8-16 所示。

图 8-15　合成监视窗中的画面效果

图 8-16　在窗口中绘制遮罩

(7)选中"放大镜. TIF"层,按下 <M> 键展开"放大镜. TIF"层的"遮罩"属性,勾选属性下的"反选"复选框,如图 8-17 所示。

图 8-17　设置"遮罩"属性

注意：按下＜M＞键展开"放大镜.TIF"层的"遮罩"属性，勾选属性下的"反选"复选框，或者把"加"改为"减"。

（8）此时合成监视窗中的效果如图8-18所示。

图8-18　合成监视窗效果

（9）选中"放大镜.TIF"层，按＜P＞键展开"放大镜.TIF"层的"位置"属性，按组合键＜Shift+R＞，在打开位置属性的同时，展开"放大镜.TIF"层的"旋转"属性，并为"位置"和"旋转"参数设置关键帧。

（10）在时间0：00：00：00处设置"位置"的属性参数为（90，83），"旋转"的属性参数为（0＊+310.0），如图8-19所示。这时放大镜被放置在画面的左上角，如图8-20所示。

图8-19　第一个关键帧参数值设置

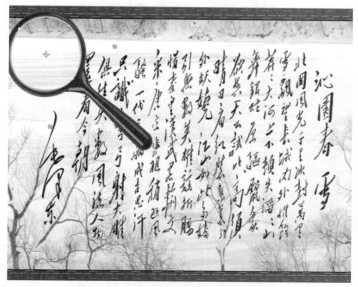

图8-20　第一个关键帧处放大镜的位置

知识窗

注意：同时打开多个属性时，可以按组合键＜Shift＋R＞。

（11）在时间0：00：01：03处设置"位置"的属性参数为（283，310），"旋转"的属性参数为（0＊ ＋215.2），如图8-21所示。放大镜被放置在画面的中间位置，如图8-22所示。

图8-21　第二个关键帧参数值设置

图8-22　第二个关键帧处放大镜的位置

（12）在时间 0：00：02：23 处设置"位置"的属性参数为（606，231），"旋转"的属性参数为（0 ＊ ＋128），如图 8－23 所示。放大镜被放置在画面的中间位置，如图 8－24 所示。

图 8－23　第三个关键帧参数值设置

图 8－24　第三个关键帧处放大镜的位置

知识窗

注意：在不同的时间点对位置对象属性进行变化。

（13）按数字键＜0＞预览画面，效果如图 8－25 所示。

（14）选中"书法字.tag"层，执行"效果→扭曲→球面化"命令，为该层添加"球面化"滤镜，如图 8－26 所示。

（15）在"特效控制"面板中调整特效参数，将"半径"设置成为 75，将"球面中心"的值设置成为（612，231），如图 8－27 所示。

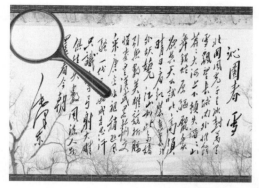

图 8 – 25　放大镜的运动效果

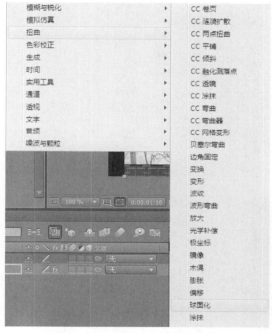

图 8 – 26　添加"球面化"滤镜

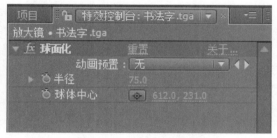

图 8 – 27　滤镜的参数设置

（16）在时间线窗口中，展开"球面化"滤镜的参数，选中"球面中心"属性，执行"动画模块→添加表达式"命令，为其属性添加表达式，如图 8 – 28 所示。

知识窗

注意：在 0 秒时，一定将"球面中心"的值和放大镜的定位点重合。

（17）在表达式输入框中，输入表达式"this_ comp. layer（"放大镜. TIF"）. position"，该表达式的含义是使文字跟随放大镜的移动而发生相应的形变，如图 8 – 29 所示。

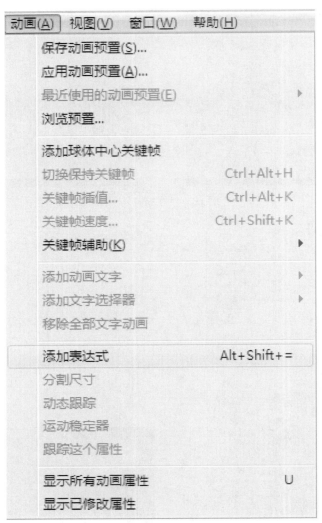

图 8-28 添加表达式

图 8-29 输入表达式语句

（18）按数字键盘上的 <0> 键进行预览，随着放大镜位置的移动，放大镜下的文字也随之变形放大，如图 8-30 所示。

图 8 - 30　放大镜动画效果图

知识窗

通过使用表达式，将一个层的属性连接到另外一个层的属性上，对其进行影响。例如变换属性或特效属性。

课堂练习

制作放大镜效果的实例。

小结

放大镜效果制作是表达式和 After Effects CS4 内置特效综合运用的典型案例，表达式运用得当，能制作出简单关键帧动画难以达到的真实效果。

能力拓展

参考本任务中的实例制作下面效果。

8-3-1 任务概述

本任务通过处理自拍视频的实例讲述如何利用 AE CS4 中的稳定技术来消除视频画面中的抖动现象，以便让自拍视频画面稳定，达到专业人员的拍摄水平以及通过"蓝调剧场"的实例来讲述父子关系的应用。

8-3-2 任务要点

● 让自拍的视频更专业
● 蓝调剧场

8-3-3 任务实现

【案例5】

画面稳定技术

1. 让自拍的视频更专业
(1) 启动软件、导入视频素材。
(2) 手工预览观察画面。
(3) 执行"Animation→Stablize Motion（运动稳定）"命令。
(4) 创建两个跟踪点。
(5) 分析并应用运动跟踪稳定技术。
(6) 微调画面窗口。
(7) 保存并发布动画文件。

2. 画面稳定技术的应用
(1) 运动稳定跟踪原理。为了使视频变得平稳，在 AE CS4 中采用跟踪图像中的运动，然后对需要处理的每一帧进行移位或旋转来消除抖动。重放时，由图层本身增加的位移量来补偿不应有的抖动，从而使图像变得平稳。

(2) 运动稳定跟踪点选择技巧。在进行运动稳定跟踪中，选择跟踪点的位置十分关键，选择时要尽量符合以下标准：①所选点在画面中自身没有运动。②所选两点相距越远越好。③所选点在作反抖的这段时间内都没有出画面。④所选点比较明显，与周围色彩相差较大。

（3）运动稳定跟踪与跟踪的区别与联系。运动跟踪是一个图层跟踪一个视频中的一个运动对象，让图层随视频中运动对象而移动，而运动稳定跟踪是为了纠正视频画面的抖动，达到画面平衡而进行的跟踪，在运动稳定跟踪中不需要另一个图层，只是在视频本身中增加位移量来达到画面平衡效果。

知识窗

需要注意的是 After Effects 另一个消除速度的突然变化的方法：

After Effects 提供了 Easy Ease 关键帧助理工具，用户可以方便的消除属性中速度的突然变化，自动变动进入和离开所选择关键帧范围的速度。

应用 Easy Ease 后，每个关键帧有一个零速度，并对两边有 33.3% 的影响，只能变动进入、离开或两者的关键帧速度，如图 8 – 31 所示。

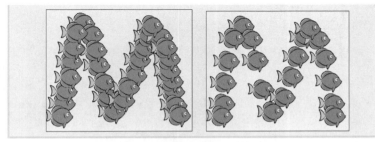

图 8 – 31

【案例6】

蓝调剧场

本案例的最终效果，如图 8 – 32 所示。

图 8 – 32

操作步骤

1. 制作场景 1

（1）启动 After Effects CS5 软件。

（2）按 < Ctrl + N > 键，新建一个合成，在弹出的"Composition Setting"对话框中设置参数，命名为"场景1"。

（3）按 < Ctrl + I > 键，导入"蓝调剧场 folder→Footage"文件夹中的素材"花纹1. psd"和"花纹2. psd"图片。

（4）按 < Ctrl + Y > 键，新建一个固态层，固态层颜色为 RGB（73，214，206）。

（5）选中固态层，选择工具栏中的椭圆遮罩工具，在合成窗口中绘制遮罩 Mask，如图8－33所示。

（6）选中固态层，双击键盘上的 < M > 键，打开 Mask 属性，设置参数，如图8－34所示。

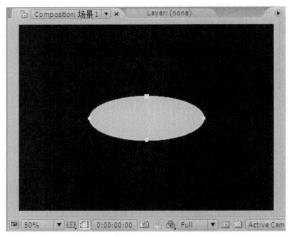

图 8－33

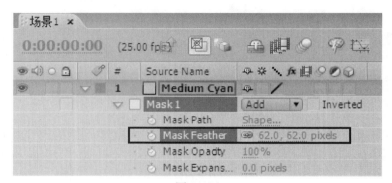

图 8－34

（7）制作 Mask 的缩放动画。选中固态层，将时间轴移动到0秒处，单击"Mask Expansion"选项前的码表，设置关键帧，并将"Mask Expansion"的值设置为"－36"；再将时间轴移动到1秒17帧处，将"Mask Expansion"的值设置为"－32"。

（8）制作 Mask 缩放动画的抖动效果。按住键盘上的 < Alt > 键的同时，单击"Mask Expansion"选项前的码表，打开表达式编辑器，输入表达式"mask（"Mask1"）. maskExpansion = wiggle（4，9）"，如图8－35所示。

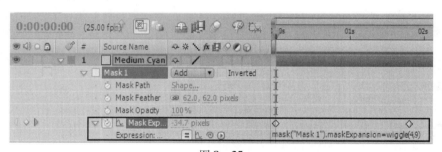

图 8－35

按下数字键盘上的<0>键，可以看到 Mask 缩放动画的抖动变化效果。

（9）制作固态层的淡入淡出效果。选中固态层，按下键盘上的<T>键，打开"Opacity"属性。将时间轴移动到 17 帧处，单击码表，并设置"Opacity"的参数值为 0%；再将时间轴移动到 1 秒 17 帧处，设置"Opacity"的参数值为 100%；再将时间轴移动到 4 秒 11 帧处，设置"Opacity"的参数值为 100%；再将时间轴移动到 4 秒 24 帧处，设置"Opacity"的参数值为 0%。

（10）按<Ctrl + Y>键，新建一个固态层，固态层颜色为 RGB（73，214，206），将其命名为"粒子"。

（11）选中固态层，选择工具栏中的椭圆遮罩工具，在合成窗口中绘制如图 8-36 所示的遮罩 Mask。

（12）选中固态层，双击键盘上的<M>键，打开 Mask 属性，设置参数，如图 8-37 所示。

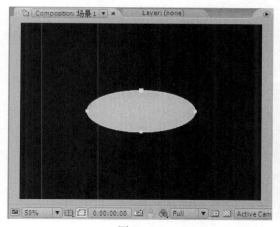

图 8-36

图 8-37

（13）制作粒子。选中"粒子"层，选择菜单中的"Effect→Simulation→CC Particle World"命令，给图层添加特效，如图 8-38 所示。

（14）制作粒子形态。在"Effects Controls"特效面板中设置参数，如图 8-39 所示。

（15）制作粒子淡出动画。选中"粒子"层，按下键盘上的<T>键，打开"Opacity"属性。将时间轴移动到 4 秒 11 帧处，单击码表，并设置"Opacity"的参数值为 100%；再将时间轴移动到 4 秒 25 帧处，设置"Opacity"的参数值为 0%。

（16）将"花纹 1. psd"从"Project"项目面板拖放到"Timeline"时间线窗口中，并将其移动到如图 8-40 所示的位置。

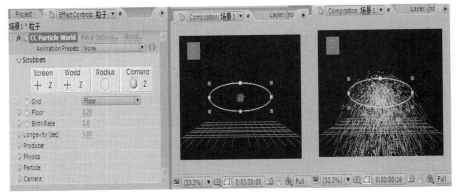

图 8-38

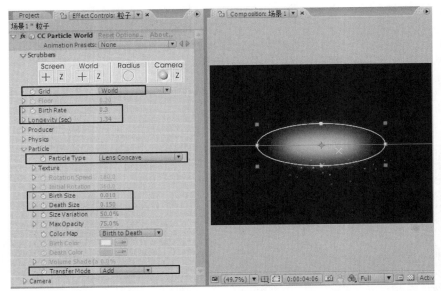

图 8-39

图 8-40

After Effects CS5 特效制作案例教程

知识窗

使用图像调节单个粒子的状态。可以调节影响粒子运动（如速度、力量等）的属性，以及改变粒子外观（如颜色、透明度和尺寸等）的属性。调节部分或全部粒子状态。可以使用重力在设定方向上牵引粒子，或使粒子相互排斥，或使用墙将粒子约束在某个区域。

（17）选中"花纹1"层，选择菜单中的"Effect→Generate→Ramp"命令，给图层添加特效。在"Effect Controls"特效面板中设置参数，"Start Color"的值为RGB（11，244，253），"End Color"的值为RGB（18，83，129）。

（18）制作花纹发光效果。选中"花纹1"层，选择菜单中的"Effect→Stylize→Glow"命令，给图层添加特效，参数不变。

（19）制作花纹缩放动画。选中"花纹1"层，按下键盘上的＜S＞键，展开"Scale"属性，在0秒处设置"Scale"的值为0%；在24帧处设置"Scale"的值为72%。

（20）制作花纹淡出动画。选中"花纹1"层，按下键盘上的＜T＞键，打开"Opacity"属性。将时间轴移动到4秒11帧处，单击码表，并设置"Opacity"的参数值为100%；再将时间轴移动到4秒25帧处，设置"Opacity"的参数值为0%。

（21）按＜Ctrl＋Y＞键，新建一个白色固态层，将其命名为"矩形"。选择工具栏中的圆角矩形遮罩工具，在合成窗口中绘制遮罩"Mask"，如图8-41所示。

（22）选中"矩形"层，选择菜单中的"Effect→Generate→Ramp"命令，给图层添加特效。在"Effect Controls"特效面板中设置参数，"Start Color"的值为RGB（11，244，255），"End Color"的值为RGB（6，52，202），如图8-42所示。

图8-41

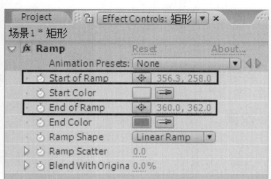

图8-42

根据选定的层上读取渐变颜色信息。

（23）制作 Mask 的缩放动画。

选中"矩形"层，双击键盘上的 <M> 键，打开"Mask"属性。将时间轴移动到 0 秒处，单击"Mask Expansion"选项前的码表，设置关键帧，并将"Mask Expansion"的值设置为"−56"；再将时间轴移动到 24 帧处，将"Mask Expansion"的值设置为"0"。

（24）制作矩形淡出动画。

选中"矩形"层，按下键盘上的 <T> 键，打开"Opacity"属性。将时间轴移动到 4 秒 11 帧处，单击码表，并设置"Opacity"的参数值为 100%；再将时间轴移动到 4 秒 25 帧处，设置"Opacity"的参数值为 0%。

（25）选择工具栏中的横排文本工具，输入文字"蓝调剧场"，文字颜色为 RGB（6，26，127）在"Character"字符面板中设置参数，如图 8−43 所示。

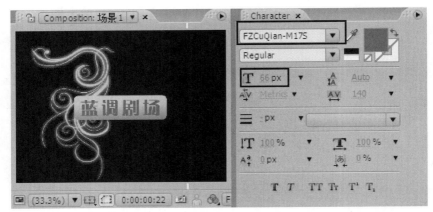

图 8−43

（26）改变文字的中心点。

选中文字层，选择工具栏中的调盘工具后，将文字的中心点移动到文字的中心处。

（27）制作文字缩放动画。

选中文字层，展开"Scale"属性，在 0 秒处设置"Scale"属性；在 0 秒 24 帧处设置"Scale"属性，如图 8−44 所示。

按下键盘上的 <S> 键，展开"Scale"属性。

（28）制作文字层的淡入淡出效果。

选中文字层，按下键盘上的 <T> 键，打开"Opacity"属性。将时间轴移动到 0 帧处，单击码表，并设置"Opacity"的参数值为 0%；再将时间轴移动到 23 帧处，设置"Opaci-

图 8 - 44

ty" 的参数值为 100%；再将时间轴移动到 4 秒 11 帧处，设置 "Opacity" 的参数值为 100%；再将时间轴移动到 5 秒处，设置 "Opacity" 的参数值为 0%。

(29) 选择菜单栏中的 "Layer→New→Null Object" 命令，创建空物体层 "Null1"，并关闭显示按钮。

(30) 打开各个图层的三维图层开关，并将 "Null1" 层作为父层，如图 8 - 45 所示。

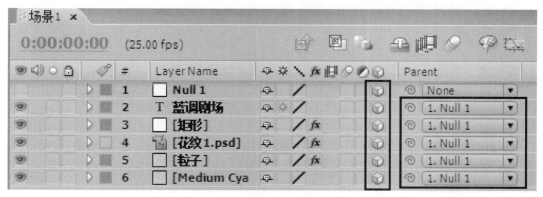

图 8 - 45

知识窗

制作 3D 效果首先要将图层属性中的 3D 属性（点击小立方体图标）打开，或执行 "Layer→3D Layer" 命令，也可以右键单击图层，在弹出的菜单中选择 3D 层命令。

（31）设置空物体层的动画。将时间轴移动到 2 秒 05 帧处，设置参数，如图 8-46 所示。

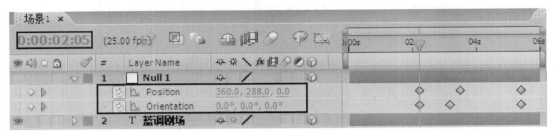

图 8-46

再将时间轴移动到 3 秒 04 帧处，设置参数，如图 8-47 所示。

图 8-47

再将时间轴移动到 3 秒 12 帧处，设置参数，如图 8-48 所示。

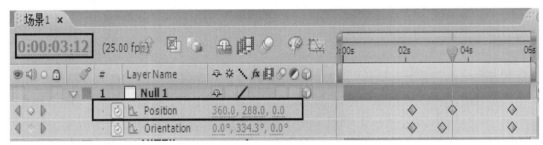

图 8-48

再将时间轴移动到 5 秒 10 帧处，设置参数，如图 8-49 所示。

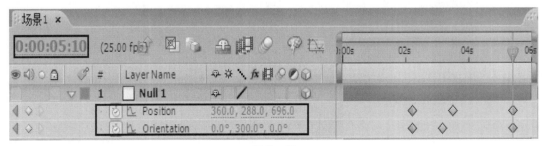

图 8-49

2. 制作场景 2

（1）按＜Ctrl＋N＞键，新建一个合成，在弹出的"Composition Setting"对话框中设置参数，命名为"场景2"。

（2）框选"场景1"合成中的全部层，按下＜Ctrl＋C＞键复制；在"场景2"合成中按＜Ctrl＋V＞键粘贴。

（3）替换素材。选中"场景2"合成中的"花纹1"图层，按住＜Alt＞键，用鼠标将项目面板中的"花纹2.psd"拖动到"花纹1"图层上，替换原有的素材，并调整其位置，如图8－50所示。

图8－50

（4）重新设置空物体层的动画。在21帧处，设置参数；在3秒06帧处，设置参数，如图8－51所示。

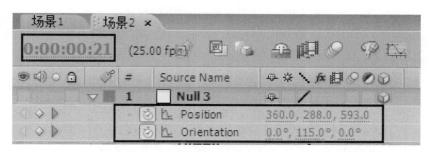

图8－51

3. 制作最终效果

（1）按＜Ctrl＋N＞键，新建一个合成，在弹出的"Composition Setting"对话框中设置参数，命名为"最终效果"。

（2）将"场景1"合成和"场景2"合成从项目面板中拖入到"最终效果"合成中，如图8-52所示。

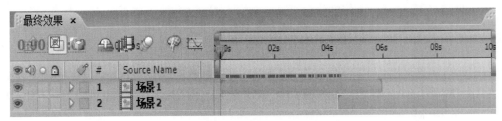

图8-52

知识窗

需要使用渲染队列窗口输出影片时，选中需要输出的合成或时间线窗口，使用＜Ctrl＋M＞键或者执行"Composition（合成）→Make Movie（生成影片）"命令，弹出"Render Queue（渲染队列）"窗口。

4. 打包文件，渲染输出

（1）执行菜单中的"File→Save"命令，保存文件。再执行菜单中的"File→Collect Files"命令，将文件打包。

（2）执行菜单中的"File→Export→Quick Time"命令，将"最终效果"渲染输出。

知识拓展

随机出现的五角星

这里用个小例子扩展介绍一下表达式的应用，具体制作方法如下。

（1）创建一个预设为"PAL D1//DV"的合成，在合成中建立一个白色的固态层，选中固态层双击工具栏中的星形工具按钮，在合成监视窗中添加一个五角星，如图8-53所示。

（2）按住＜Alt＞键单击"旋转"，在"旋转"表达式栏中输入 random（0，40），为五角星的旋转添加随机变化的表达式，如图8-54所示。

（3）在"位置"表达式栏中输入［random（0，720），random（0，576）］，添加位置随机变化的表达式，如图8-55所示。

（4）在"比例"表达式栏中输入［random（0，100），random（0，100）］，添加缩放随机变化的表达式，如图8-56所示。

图 8-53 绘制星形图

图 8-54 旋转表达式的输入

图 8-55 位置表达式的输入

图 8-56 缩放表达式的输入

（5）在"透明度"表达式栏中输入 random（0，100），添加透明度随机变化的表达式，如图 8 – 57 所示。

图 **8 – 57**　透明度表达式的输入

（6）选中星星层，选择菜单命令"效果→颜色 →色相/饱和度"，添加色彩效果，设置"颜色饱和度"为 100，设置"颜色亮度"为 – 50，为"色相"添加表达式 random（0，360），如图 8 – 58、图 8 – 59 所示。

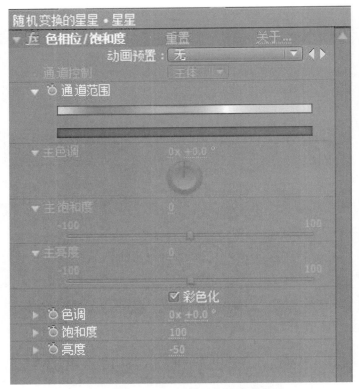

图 **8 – 58**　色相/饱和度的相关参数设置

（7）最后将图层模式设为"Screen"方式，按组合键创建多个副本，如图 8 – 60 所示，这样就出现满屏随机变化的五角星，最终的效果图如图 8 – 61 所示。

图 8-59 表达式的设定

图 8-60 图层的设置

图 8-61 随机出现的五角星

知识窗

AE 软件中图层之间的联系主要通过关键帧、合并嵌套、父子连接、动力学脚本和表达式等五种方式来进行。

课堂练习

利用本节课介绍的特效制作"星光渐显文字"效果。

小结

本项目主要学习了表达式动画，重点掌握 After Effects 中运动追踪的类型，比如位置跟踪、旋转跟踪、位置与旋转跟踪以及透视角度跟踪等。了解一下 After Effects 中稳定的应用，学会利用父子关系、表达式来控制动画。

能力拓展

制作如图所示的"运动无极限"片头动画。

项目评议

班级_____ 姓名_____ 任课教师_____

	案例名称	工作态度（优良差）	讲授情况（优良差）	完成情况（优良差）			综合评价	
				出勤	纪律	作业	100 分	日期
1								
2								
3								
4								
5								
6								
7								
8								
9								
10								

注：1. 该项目评议期中或期末由教务人员每班抽查 5～10 名学生。

2. 该项目评议将作为该教师本学期教学效果考核的一项重要内容。

娱乐片片头的制作

项目九

项目描述

本例是在 PSD 文件素材的基础上，应用 After Effects CS4 中的合成功能，完成片头的制作。After Effects CS4 合成功能的应用是本例的重点。在合成过程中，通过对各元素属性的设置，赋予元素动感，体现画面节奏，形成整体风格。案例效果图，如图 9 - 1 所示。

图 9 - 1　娱乐片头的画面

学习重点

● 了解 3D Stroke（三维描边）特效的使用方法

● 掌握合成的思路和技巧

● 掌握摄像机的应用技巧

任务实现

（1）创建一个预置为 PAL D1/DV 的"合成"，将其命名为"娱乐片头"，像素长宽比设置为 D1/DV PAL（1.09），时间长度设置为 10 秒，如图 9-2 所示。

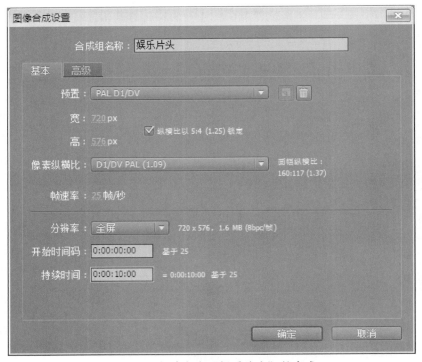

图 9-2　新建名为"娱乐片头"的合成

（2）将"矢量图.psd"的文件导入，在弹出的对话框中，设置"导入方式"为"合成"模式，如图 9-3 所示。导入到工程窗口中的素材，如图 9-4 所示。

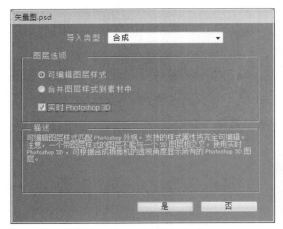

图 9-3　设置导入方式

图 9-4　导入工程窗口中的素材

（3）分别将"矢量图层"文件夹中的"背景板/矢量图"和"放射线/矢量图"文

件，拖拽到时间线面板中，如图9-5所示。

图9-5 添加到时间线面板中的素材文件

（4）选中"放射线/矢量图"层素材，按<R>键显示大小旋转属性。移动时间线上的位置标尺到0秒的位置，单击"旋转"前的码表，保持"旋转"值为（0* +0.0）。移动时间线上的位置标尺到9秒24帧的位置，将"旋转"值调整为（1* +0.0），如图9-6所示。此时放射线产生旋转的效果。

图9-6 为放射线设置旋转动画

（5）创建一个预置为PAL D1/DV的"合成"，将其命名为"云"，像素长宽比设置为D1/DV PAL（1.09），时间长度设置为10秒。

（6）将"云彩.psd"文件以合成的方式导入工程，并将"云彩层"文件夹中的"云彩1/云彩"文件拖拽到时间线面板中。连续按<Ctrl+D>组合键复制9个"云彩1/云彩"素材层，如图9-7所示。

图9-7 复制多个"云彩1/云彩"素材层

（7）按<Ctrl+A>组合键选中所有的素材层，单击第一层的运动模糊和三维模式按钮，选中所有层的运动模糊和三维模式按钮，如图9-8所示。

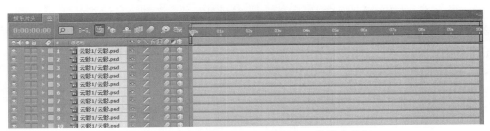

图9-8 开启所有层的运动模糊和三维模式按钮

（8）按＜P＞键，显示所有层位置属性。将位置标尺移动到 0 秒处，单击各层"位置"前的码表，设置各层的"位置"元素，如图 9 - 9 所示。

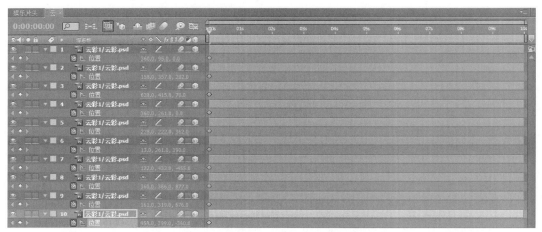

图 9 - 9　设置起始点处各层云彩的位置

（9）将位置标尺移动到 1 秒处，设置各层的"位置"参数，如图 9 - 10 所示。

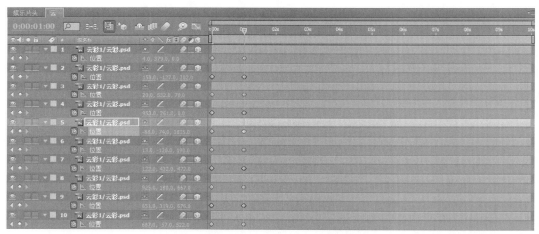

图 9 - 10　设置 1 秒处各层云彩的位置

（10）此时画面中的云彩纷纷向画面外运动，仿若在云层中穿梭一般，如图 9 - 11 所示。

（11）单击时间线窗口左上角的"娱乐片头"面板，切换回"娱乐片头"合成，将工程窗口中的"云"合成添加到"娱乐片头"合成中，把"云"合成当作素材使用，实现合成的嵌套，如图 9 - 12 所示。

（12）将"云彩层"文件夹中的"云彩 1/云彩"文件拖拽到时间面板中。开启运动模糊和三维模糊按钮，如图 9 - 13 所示。

图 9 – 11 监视窗中云层运动的效果

图 9 – 12 "云"合成被添加到"娱乐片头"合成中

图 9 – 13 开启"云彩 1／云彩"层运动模糊和三维模糊按钮

（13）展开"云彩 1／云彩"层的属性参数，将位置移动到 0 秒处，单击"位置"和"不透明度"参数前的码表，设置 0 秒处"位置"值为（705，340，16500），"不透明度"值为 60%；将位置移动到 1 秒处，设置 1 秒处"位置"值为（397，409，115），"不透明度"值为 80%；将位置移动到 5 秒 19 帧处，设置 5 秒 19 帧处的"位置"值为（397，409，115），"不透明度"值为 60%；将位置移动到 6 秒 03 帧处，设置 6 秒 03 帧处的"位置"值为（397，409，115），"不透明度"值为80%，如图9-14所示。此时画面中多了一朵云，该云从1秒开始一直停留在画面中，如图9-15所示。

图9-14 "云彩1/云彩"层的属性设置

图9-15 云层在画面中的效果

（14）将"矢量图层"文件夹中的"图层4/矢量图"文件拖拽到时间面板中。开启运动模糊和三维模式按钮，如图9-16所示。

图9-16 开启"图层4/矢量图"层的运动模糊和三维模式按钮

After Effects CS5 特效制作案例教程

（15）选择"图层 4/矢量图"层，按 < P > 键显示"位置"参数。移动位置标尺到 1 秒处，单击"位置"参数前的码表，设置"位置"参数值为（360，825，282）；移动位置标尺到 1 秒 03 帧处，设置"位置"参数值为（360，151，141）；移动位置标尺到 1 秒 06 帧处，设置"位置"参数值为（360，312，0），如图 9 - 17 所示。使素材从画面外飞入，合成监视窗画面效果，如图 9 - 18 所示。

图 9 - 17　设置"图层 4/矢量图"层的位置参数

图 9 - 18　"图层 4/矢量图"层在监视窗中的画面

（16）鼠标单击"特效→风格化→闪光灯"特效，向素材层添加"闪光灯"特效。展开特效参数，设置"与原图混合"值为 30。在 1 秒 06 帧、1 秒 07 帧、1 秒 08 帧、1 秒 10 帧、1 秒 12 帧处，给"频闪间隔"参数设置关键帧，如图 9 - 19 所示。合成监视窗中出现"图层 4/矢量图"层闪白效果，如图 9 - 20 所示。

图 9-19　为"频闪间隔"参数设置关键帧

图 9-20　"图层 4/矢量图"层出现闪白效果

（17）创建一个合成，将其命名为"花纹生长"，设置"宽"值为 722，"高"值为 186，像素长宽比设置为"方形像素"，时间长度设置为 10 秒，如图 9-21 所示。

（18）将"矢量图层"文件夹中的"图层 3/矢量图"文件拖拽到时间线面板中，设置"位置"参数值为（373，-20），"比例"参数值为（96.0，96.0%），如图 9-22 所示。此时合成监视窗画面，如图 9-23 所示。

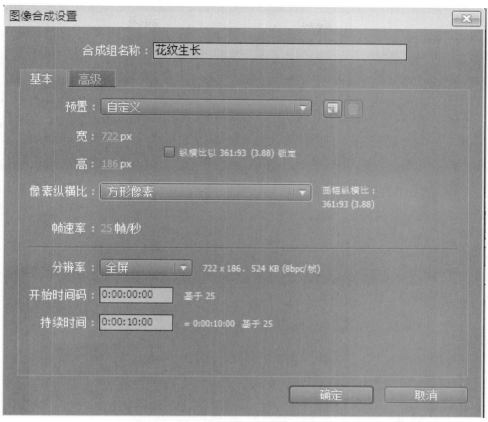

图 9 - 21　合成 "花纹生长" 的相关设置

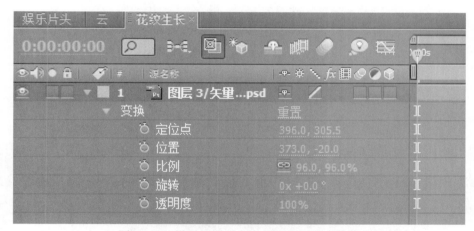

图 9 - 22　设置 "图层 3/矢量图" 层的参数值

图 9 - 23　合成监视窗中的 "图层 3/矢量图" 层画面

（19）单击工具栏中的钢笔工具，在合成监视窗中沿花纹生长方向绘制遮罩路径，如图 9 - 24 所示。

图 9 - 24　沿花纹生长方向绘制遮罩路径

（20）鼠标单击"效果 →生成 →描边"特效，向素材层添加特效。设置参数"画笔大小"为"6"，将"绘制风格"调整为"显示原始图像"，如图 9 - 25 所示。此时合成监视窗中的画面，如图 9 - 26 所示。

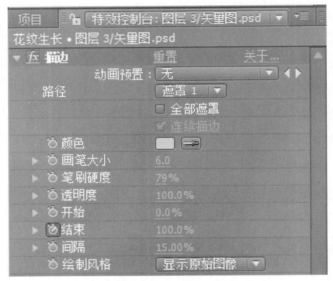

图 9 - 25　设置"描边"特效参数

图 9 - 26　应用了"描边"特效的花纹

（21）移动位置标尺到 12 秒处，单击"结束"参数前的码表，设置"结束"参数值为"0"；移动位置标尺到 1 秒 12 帧处，设置"结束"参数值为"100"，如图 9 - 27 所示。此时合成监视窗中显示花纹生长的动画。

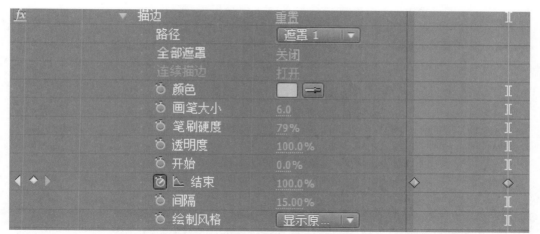

图 9 – 27 定义 "结束" 参数值，制作花纹生长的动画

（22）选中 "图层 3/矢量图" 层，按 < Ctrl + D > 组合两次，复制两层，删除已有的特效，制作另两个花纹生长的动画，如图 9 – 28 所示。

图 9 – 28 制作另两个花纹生长的动画

（23）创建一个合成，将其命名为 "花纹生长 01"，设置 "宽" 值为 722，"高" 值为 186，像素长宽比设置为 "Square Pixels"，时间长度设置为 10 秒，将 "花纹生长" 合成添加到新建的合成中，如图 9 – 29 所示。

图 9 – 29 "花纹生长" 合成添加到新建的合成中

（24）按 < Ctrl + D > 组合键复制一层 "花纹生长"，将其 "比例" 参数调整为（ – 100.0， – 100.0%），如图 9 – 30 所示。此时合成监视窗中画面，如图 9 – 31 所示。

（25）将 "花纹生长 01" 合成添加到 "娱乐片头" 合成的时间线面板中，按 < Ctrl + D > 组合键复制一层。开启两层的三维模式按钮，调整两层的参数值，使花纹自如的叠加在一起，增强画面的效果。两层 "花纹生长 01" 的参数值，如图 9 – 32、图 9 – 33 所示。叠加后的画面效果，如图 9 – 34 所示。

娱乐片头
云
花纹生长
花纹生长01
0:00:01:10
源名称
1
花纹生长
比例
100.0, 100.0%
2
花纹生长
比例
-100.0, -100.0%

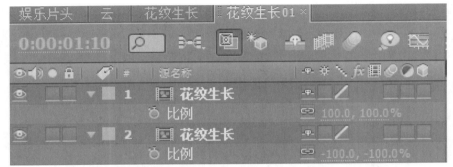

图 **9－30**　将新建的“花纹生长”层“比例”参数调整为负值

图 **9－31**　两个花纹同时长出

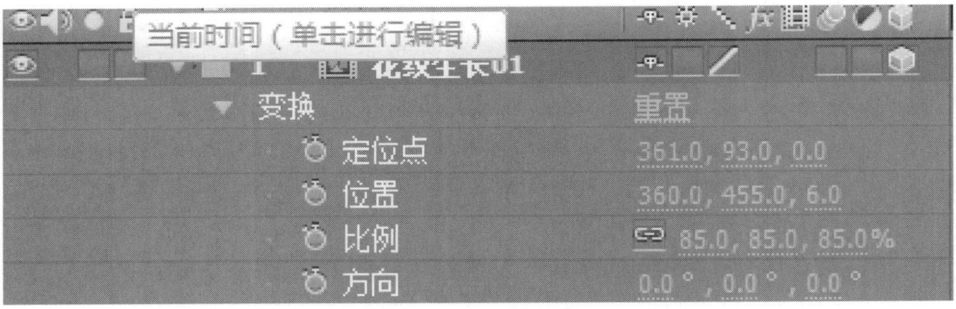

当前时间（单击进行编辑）
1
花纹生长01
变换
重置
定位点
361.0, 93.0, 0.0
位置
360.0, 455.0, 6.0
比例
85.0, 85.0, 85.0%
方向
0.0°, 0.0°, 0.0°

图 **9－32**　上层“花纹生长 **01**”层的参数设置

2
花纹生长01
变换
重置
定位点
361.0, 93.0, 0.0
位置
365.1, 374.5, 6.0
比例
109.0, 109.0, ...0

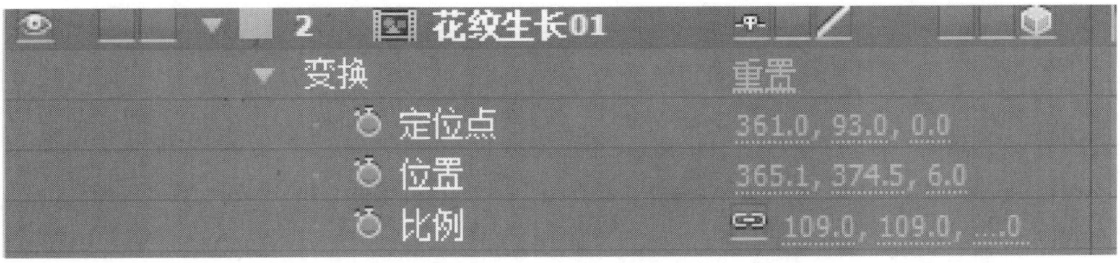

图 **9－33**　下层“花纹生长 **01**”层的参数设置

（26）选中时间线面板中的两层“花纹生长 01”层，鼠标单击“特效→风格化→辉光”特效，给“花纹生长 01”层应用辉光特效，使花纹产生柔和辉光，合成监视窗画面，如图 9－35 所示。

图 9-34　叠加上花纹的监视窗画面

图 9-35　花纹发出柔和的辉光

（27）创建一个合成，将其命名为"背景"，像素长宽比设置为"D1/DV　PAL（1.09）"，时间长度设置为"10 秒"。

（28）分别将"矢量图层"文件夹中的"图层 7/矢量图"和"图层 12/矢量图"文件，拖拽到时间线面板中，如图 9-36 所示。

图 9-36　"背景"合成的时间线窗口

（29）将"背景"合成添加到"娱乐片头"时间线窗口中，按 < Ctrl + D > 组合键复制两层，启用各"背景"层的运动模糊和三维模糊按钮，如图 9-37 所示。

图 9-37　"娱乐片头"合成中的"背景"层

（30）选中所有的"背景层"，按 <P> 键打开"位置"参数，调整"Z"方向数值，如图 9-38 所示，调整背景层在合成监视窗中的显示顺序，如图 9-39 所示。

图 9-38　调整"背景层"Z 方向数值　　　　图 9-39　合成监视窗中视频画面

（31）在时间线面板中，选择最下层的"背景"层，按 <R> 键打开该层的"旋转"参数，移动位置标尺到 1 秒 20 帧处，单击"X 轴旋转"和"Z 轴旋转"参数前面的码表，设置"X 轴旋转"参数值为（0 ∗ -90.0），"Z 轴旋转"参数值为（0 ∗ -30.0）；移动位置标尺到 2 秒处，设置"X 轴旋转"参数值为（0 ∗ 0.0），"Z 轴旋转"参数值为（0 ∗ 0.0）；如图 9-40 所示。

图 9-40　设置最下层的"背景"层的"旋转"参数

（32）在时间线面板中，选择第二层的"背景"层，将该层上的素材向后拖动到 2 秒以后，按 <S> 键打开该层的"缩放"参数，移动标尺到 5 秒 16 帧处，单击"缩放"参数前的码表，设置"缩放"参数值为（100.0，100.0，100.0）；移动标尺到 5 秒 19 帧处，设置"缩放"参数值为（139.0，139.0，139.0）；移动标尺到 5 秒 22 帧处，设置"缩放"参数值为（100.0，100.0，100.0），如图 9-41 所示。让"背景"层产生由小到大的动画。

图 9-41　设置第二层"背景"层的"缩放"参数

（33）在时间线面板中，选择第一层的"背景"层，将该层上的素材向后拖动到5秒22帧处，按＜S＞键打开该层的"缩放"参数，移动标尺到5秒22帧处，单击"缩放"参数前的码表，设置"缩放"参数值为（100.0，100.0，100.0）；移动标尺到6秒处，设置"缩放"参数值为（185.0，185.0，185.0）；移动标尺到6秒04帧处，设置"缩放"参数值为（100.0，100.0，100.0），如图9－42所示。按＜T＞键打开"不透明度"参数，设置参数值为20％，模拟拖尾效果。此时合成监视窗画面，如图9－43所示。

图9－42　设置第一层"背景"层的"缩放"参数

图9－43　设置好"背景"层的合成监视窗画面

（34）创建一个合成，将其命名为"花"，像素长宽比设置为D1/DV PAL（1.09），时间长度设置为10秒。

（35）将"矢量图层"文件夹中的"图层5/矢量图"和"图层12/矢量图"文件，拖拽到时间线面板中，启用三维模式按钮，如图9－44所示。

（36）按＜S＞键打开该层的"缩放"参数，移动标尺0秒处，单击"缩放"参数前的码表，设置"缩放"参数值为（0.0，0.0，0.0）；移动标尺到0秒04帧处，设置"缩放"参数值为（191.0，191.0，191.0）；移动标尺到0秒07帧处，设置"缩放"参数值为（75.0，75.0，75.0）；移动标尺到0秒10帧处，设置"缩放"参数值为（131.0，131.0，131.0）；移动标尺到0秒13帧处，设置"缩放"参数值为（90.0，90.0，90.0），

图9-44 文件被拖拽到时间线面板中

如图9-45所示。设置花开放的动画。

图9-45 设置"图层5/矢量图"的"缩放"参数

（37）将"花"合成添加到"娱乐片头"时间线窗口中，按<Ctrl+D>组合键复制两层，启用各层的三维模式按钮，设置每层的"位置"和"缩放"参数，使花在监视窗中合理分布，如图9-46所示。

图9-46 添加"花"后的合成监视窗

（38）鼠标单击"层→新建→摄像机"命令，建立摄像机。在弹出的"摄像机设置"对话框中将"预设"选择为"35mm"，如图9-47所示。

（39）在时间线面板中，展开摄像机层参数，启用"景深"，设置"焦点距离"值为

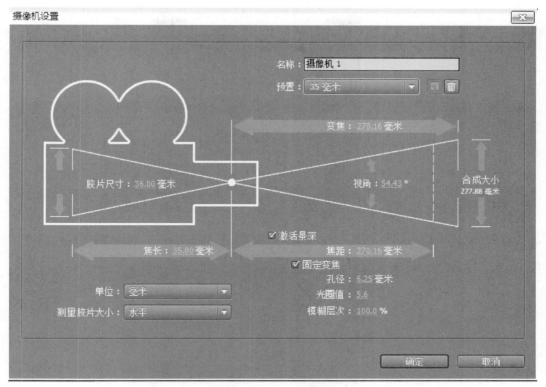

图 9 – 47   设置摄像机参数

746，"光圈"值为 17，"水平模糊"值为 100，如图 9 – 48 所示。

图 9 – 48   设置摄像机层的参数

　　（40）移动位置标尺到 1 秒处，单击"目标兴趣点"和"位置"参数前面的码表，设置"目标兴趣点"参数值为（360.0，288.0，0.0）；"位置"参数值为（360.0，288.0，–746.0）；移动位置标尺到 3 秒 09 帧处，设置"目标兴趣点"参数值为（360.0，288.0，–131.0）；"位置"参数值为（360.0，288.0，–878.0）；移动位置标尺到 3 秒 14 帧处，设置"目标兴趣点"参数值为（436.0，288.0，10.0）；"位置"参数值为（900.0，

309.0, - 73.0）；移动位置标尺到 3 秒 21 帧处，设置"目标兴趣点"参数值为（390.0，316.0，43.0）；"位置"参数值为（513.0，358.0，777.0）；移动位置标尺到 9 秒 24 帧处，设置"目标兴趣点"参数值为（415.0，332.0，188.0）；"位置"参数值为（537.0，374.0，922.0）；如图 9 - 49 所示。通过参数设置，得到镜头拉伸的效果，监视窗画面，如图 9 - 50 所示。

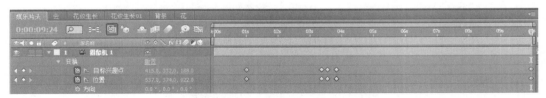

图 9 - 49　设置镜头运动参数

图 9 - 50　镜头运动的效果

（41）将"矢量图层"文件夹中的"图层 9/矢量图"文件拖拽到时间线面板中，启用运动模糊和三维模式按钮，设置"位置"参数为（389.0，359.0，123.0），如图 9 - 51 所示。

图 9 - 51　设置"图层 9/矢量图"层的位置参数

（42）按 < S > 键打开"图层 9/矢量图"层的"缩放"参数，移动标尺到 4 秒 15 帧处，单击

图 9 - 52　设置"图层 9/矢量图"层的缩放参数

"缩放"参数前的码表，设置"缩放"参数值为（0.0，0.0，0.0）；移动标尺到 4 秒 19 帧

处，设置"缩放"参数值为（112.0，112.0，112.0）；移动标尺到 4 秒 22 帧处，设置"缩放"参数值为（94.0，94.0，94.0），如图 9 – 52 所示。使该层画面产生由小到大，再由大到小的动画效果，如图 9 – 53 所示。

图 9 – 53　设置缩放后动画的合成监视窗画面

（43）鼠标单击"特效→风格化 →闪光灯"特效，向"图层 9/矢量图"层添加"闪光灯"特效。展开特效参数，设置"与原图混合"值为 30。在 5 秒、5 秒 01 帧、5 秒 02 帧、5 秒 03 帧、5 秒 04 帧、5 秒 05 帧、5 秒 06 帧处，给"频闪间隔"参数设置关键帧，如图 9 – 54 所示。合成监视窗中出现闪白效果，如图 9 – 55 所示。

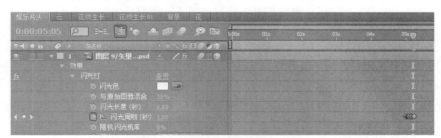

图 9 – 54　"频闪间隔"参数设置关键帧，制作闪白效果

图 9 – 55　合成监视窗中的闪白效果

（44）将"矢量图层"文件夹中的"图层10/矢量图"文件拖拽到时间线面板中，启用三维模式按钮，设置"位置"参数为（416.0，352.0，93.0），如图9－56所示。

图9－56　设置"图层10/矢量图"的位置参数

（45）打开"图层10/矢量图"层的参数。在5秒03帧、5秒08帧处，给"缩放"参数设置关键帧，使素材产生由小变大的效果，如图9－57所示。

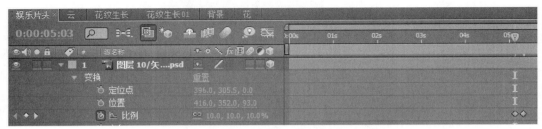

图9－57　设置"图层10/矢量图"的缩放动画效果

（46）创建一个合成，将其命名为"总合成场景"，像素长宽比设置为D1/DV PAL（1.09），时间长度设置为10秒。将"娱乐片头"合成添加到"总合成场景"中。切换回"娱乐片头"合成的时间线窗口，选中摄像机图层，按＜Ctrl＋C＞组合键复制该层。回到"总合成场景"合成中，按＜Ctrl＋V＞组合键粘贴，保持两个合成中摄像机动画一致，如图9－58所示。

图9－58　摄像机层被粘贴到"总合成场景"中

（47）单击工具栏中的＜T＞工具按钮，在视图中输入"娱乐"文字，设置字体为"综艺简体"，字号为"140"，字体颜色为"粉色"。

（48）选中文字层，按＜P＞键，展开"位置"参数，移动位置标尺到5秒09帧处，单击"位置"参数前的码表，设置"位置"参数值为（271.0，729.0）；移动位置标尺到5秒14帧处，设置"位置"参数值为（271.0，434.0）；移动位置标尺到5秒18帧处，设置"位置"参数值为（271.0，434.0）；移动位置标尺到 5 秒 22 帧处，设置"位置"参数值为（271.0，349.0）；移动位置标尺到 6 秒 02 帧处，设置"位置"参数值为（271.0，410.0），如图 9 – 59 所示。

图 9 – 59　设置文字的运动路径

（49）导入"02. wav"声音素材，并拖拽到时间线面板中。

（50）至此娱乐片头的合成就制作完成了，最终监视窗画面，如图 9 – 60 所示。

图 9 – 60　娱乐片头的画面效果

课堂练习

利用本节课介绍的特效制作"娱乐片头"效果。

小结

此案例以矢量图形为素材，配以背景装饰图旋转动画和摄像机位置运动，将死板的文字以动感十足的方式引入画面中，充分体现出影片中张扬、时尚的青春气息。通过本案例的学习，读者要体会 Photoshop 在前期制作中的作用。有人说 After Effects 就是动态的 Photoshop，可见 After Effects 与 Photoshop 有着相通之处；Photoshop 完成各元素的前期静态合成，而 After Effects 赋予各元素十足的动感，实现对静态合成的延伸和演绎。

能力拓展

1. 心动不如行动。

2. 制作如图所示的"东方音乐盛典"片头效果。

项目评议

班级_____		姓名_____			任课教师_____		

案例名称	工作态度 （优良差）	讲授情况 （优良差）	完成情况（优良差）			综合评价	
			出勤	纪律	作业	100分	日期
1							
2							
3							
4							
5							
6							
7							
8							
9							
10							

注：1. 该项目评议期中或期末由教务人员每班抽查 5~10 名学生。

2. 该项目评议将作为该教师本学期教学效果考核的一项重要内容。

项目十 | 宣传片片头的制作

项目描述

商业宣传片已成为各大商家宣传产品的必备手段之一，吸引观众眼球的片头是各技术人员所追求的最终目标。如何制作商业宣传片头呢？本项目以制作时尚服装品牌 VERSACE 的宣传片头为例，介绍宣传版头的前期创意流程，AE CS5 创作宣传片片头采用的各种变形特效和多种合成之间的灵活切换技术。

学习重点

- ●了解宣传片片头的前期流程
- ●了解场景间的衔接及色调的调配技术
- ●综合运用各种特效创作商业宣传片片头

任务一 宣传片片头的前期创意

10－1－1 任务概述

本任务通过设计"VERSACE"宣传片版头的前期设计实例来讲述设计宣传片片头的制作思路。

10－1－2 任务实现

4 条舞动飘逸、色彩鲜艳的彩带先后从画面的左右两侧穿插舞动进入，然后"VERSACE"标志随着 4 条模糊流动的五彩色带，

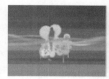

图 10－1

动感音效及时尚动态背景逐渐合成在一起的商业宣传片版头，最终效果截图如图 10－1 所示。

1．分析 VERSACE 的品牌诉求

（1）品牌档案分析：VERSACE 是意大利著名奢侈服装品牌，它以鲜明的设计风格，独特的美感，极强的先锋艺术特征让它风靡全球。其中魅力独具的是那些展示充满文艺复兴时期特色华丽的具有丰富想象力的款式。这些款式色彩鲜艳，奢华漂亮。

（2）品牌定位追求：根据品牌档案，进一步分析理解其品牌的追求——时尚、华丽、风格鲜明。

2．设计思路

根据其品牌追求，制定出本宣传片版头的设计思路。

（1）飘逸的彩带展示服装的华丽富贵：使用四条舞动飘逸、色彩鲜艳的彩带作为全片的开场，让四条彩带先后从画面的左右两侧穿插舞动进入，然后四条彩带相交到一起慢慢变为一条窄色带，并在这个过程中制作其模糊流动的五极色带效果。

（2）品牌名称渐现：在流动的色带上慢慢出现具有倒影的 VERSACE 品牌文字动画；然后将色带和文字作为一个整体，做出一个具有三维透视效果的动画。

（3）动感时常的背景渲染服装的时尚：为宣传片片头制作色调整明快、极具时尚感的动态背景。

3．制作步骤

根据越描越黑雷劈占用率 AE CS5 软件的功能特点，制定出本宣传片片头的大概制作步骤。

（1）首先建立一个固态层，使用遮罩将固态层制作成条状，并设置动画。

（2）使用弯曲变形工具制作飘带动画。

（3）通过弯曲特效、基础三维特效和色相/饱和度特效来制作彩带空间摆动的效果。

（4）结合快速模糊特效，生成特效和转场特效来实现舞动曲线的转场效果。

（5）使用分形噪波特效制作随机运动的线条背景动画。导入素材图片并分别添加位置、大小、透明度等动画效果，实现时尚背景的合成制作。

（6）加入背景音效，并对音高频效果等进行整体调整，最后渲染输出成片。

任务二 宣传片片头的制作合成

10－2－1 任务概述

本任务通过"VERSACE"宣传片版头的制作，来深入巩固学习遮罩动画，弯曲工具，基础三维以及色相/饱和度等知识，领略各种工具在实际影像案例特技处理中的功能及处理技巧。

10-2-2 任务实现

1. 制作渐变的条状线

（1）启动 AE CS5 软件，执行"合成→新建合成"命令，新建一个合成，参数设置如图 10-2 所示。

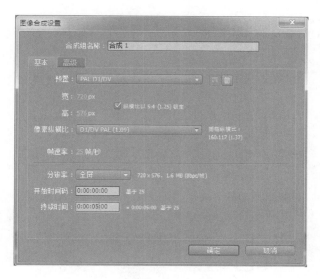

图 10-2

（2）执行"文件→保存"命令，保存项目文件，其文件名为"舞动的彩带"。

（3）执行"图层→新建→固态层"命令，新建一个固态层，具体设置如图 10-3 所示。

图 10-3

（4）执行"特效→生成→渐变"命令，为固态层添加一个黑白的渐变特效，参数设置效果如图 10-4 所示。

图 10 –4

（5）在工具栏中选择钢笔工具，在白色固态层上绘制一个遮罩，如图 10 – 5 所示。

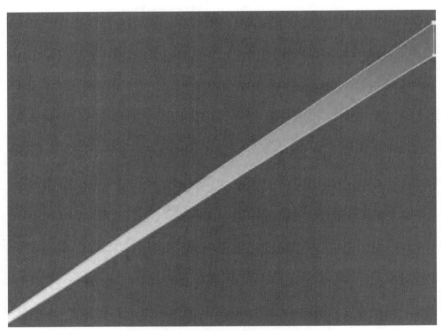

图 10 –5

（6）在时间线面板中选择白色固态层，展开遮罩属性。将时间指示器移动 2s 处，为遮罩路径添加关键帧。按 < home > 键使第 1 帧成为当前帧，在时间线面板中选中遮罩 1，使用选择工具，在合成窗口中将左下角的两具控制点移动到右上角，使之与右上角的两具控制点重合，具体设置及效果如图 10 – 6 所示。

（7）执行"特效→扭曲→弯曲"命令，添加弯曲特效。参数设置及效果如图 10 –7 所示。

图 10 - 6

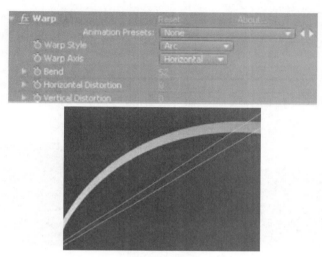

图 10 - 7

2. 制作舞动的彩带

（1）执行"合成→新建合成"命令，新建一个合成，具体设置如图 10 - 8 所示。

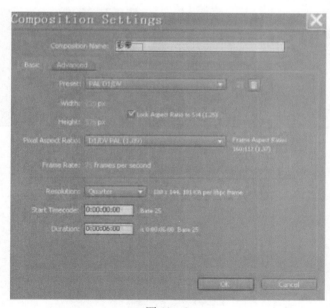

图 10 - 8

（2）在项目面板中选择条状线合成，将它拖放到时间线面板中，改名为"彩带01"。展开"彩带01"图层的变换属性，参数设置如图10－9所示。

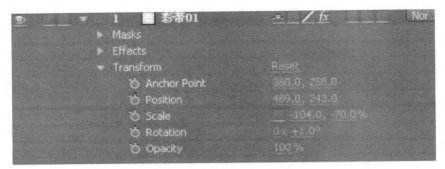

图10－9

（3）执行"特效→扭曲→弯曲"命令，添加弯曲特效，具体参数设置及效果如图10－10所示。

图10－10

（4）执行"特效→旧版本→基本3D"命令，添加基础三维特效，具体设置及效果如图10－11所示。

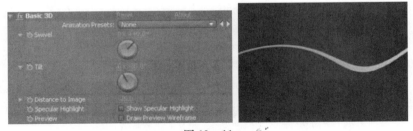

图10－11

（5）执行"特效→色彩校正→色相饱和度"命令，添加色相/饱和度特效。具体设计及效果如图10－12所示。

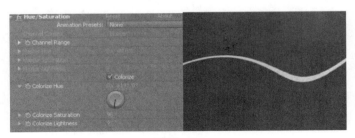

图10－12

After Effects CS5 特效制作案例教程

（6）按 < Ctrl + D > 快捷键将"彩带 01"图层复制出三个副本，分别改名为"彩带02""彩带 03""彩带 04"。将"彩带 03"、"彩带 04"图层关闭显示。选中"彩带 02"图层，展开变换属性，具体设置如图 10 – 13 所示。

图 10 – 13

（7）在弯曲特效面板中，具体设置及效果如图 10 – 14 所示。

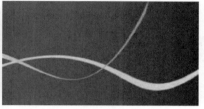

图 10 – 14

（8）在特效面板中，展开基本 3D 特效，具体设置及效果如图 10 – 15 所示。

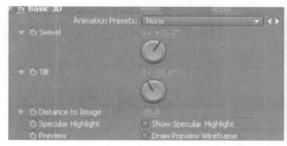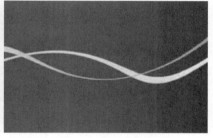

图 10 – 15

（9）在特效面板中，展开色相/饱和度特效，具体设置及效果如图 10 – 16 所示。

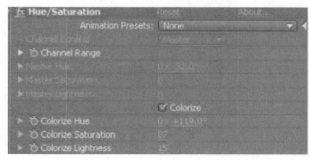

图 10 – 16

（10）在时间线面板中，选中"彩带03"图层，展开变换属性，具体设置如图10－17所示。

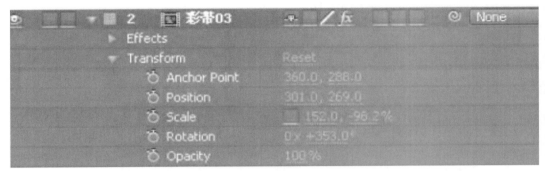

图 **10－17**

（11）在特效面板中，展开弯曲特效，具体设置及效果如图10－18所示。

图 **10－18**

（12）在特效面板中，展开基本3D特效，具体设置及效果截屏如图10－19所示。

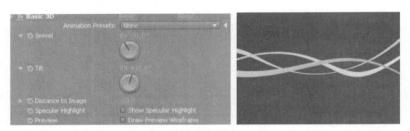

图 **10－19**

（13）在特效面板中，展开色相/饱和度特效，具体设置及效果截屏如图10－20所示。

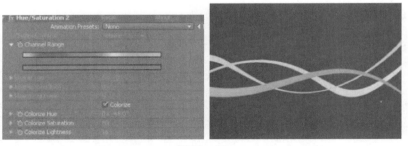

图 **10－20**

（14）参照"彩带02"图层和"彩带03"图层的制作方法，设置"彩带04"图层的参数，并在时间线面板中调整四条彩带进入画面的顺序，具体设置及最终效果如图10－21所示。

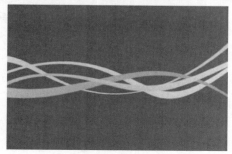

图 10 – 21

3. 制作彩带模糊动画

在彩带全部出现后，制作四条彩带在模糊的过程中变成单线效果，并使其流动起来，然后制作文字动画。具体制作步骤如下：

（1）在项目面板中选择"彩带"合成，按 < Ctrl + D > 快捷键复制出一个副本，然后双击打开得到的合成，选中 4 个彩带合成，执行"层→预合成"命令，弹出如图 10 – 22 所示的对话框，单击确定按钮。

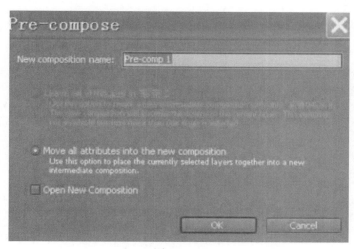

图 10 – 22

（2）执行合成/新建合成命令，在弹出的对话框中设置尺寸为 720 ＊ 576，时间长度为 6s，名称为"彩带模糊动画"。

（3）将预合成拖入到彩带模糊动画合成窗口中，执行"特效→模糊 & 锐化→快速模糊"命令，为该层添加一个模糊效果。设置模糊方向为水平方向产生模糊。将时间移动到 2 秒 16 帧位置，也就是彩带全部出现的时候，打开模糊前面的码表，插入一个关键帧。将时间移动到 3 秒 13 帧的位置，设置模糊值为 210，具体设置及效果截屏如图 10 – 23 所示。

（4）在时间线面板中选择彩带模糊动画图层，展开变换属性，单击大小前面的码表，将时间移动到 2s16 帧位置，设计大小值为（100，100）；将时间移动到 3s13 帧位置，设

图 10 – 23

置大小值为（100，8）。其作用是将彩带压扁为单线。

（5）执行"特效→风格化→动态平铺"命令，让彩带产生光怪陆离的动画效果。将时间移动到 3s13 帧位置，打开定位点前面的码表插入一个关键帧，设置该位置的定位点为（360，288），将时间移动到 6s 位置，设计定位点为（2600，288）。具体设置如图 10 – 24 所示。

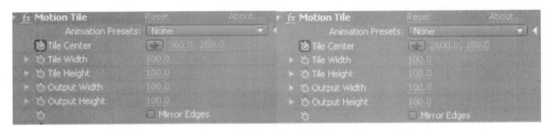

图 10 – 24

（6）在工具栏中选择文字编辑工具，在屏幕上输入"VERSACE 范思哲"，在文字面板中，设置字体为"Arial"，文字的尺寸为"68"，设置文字的颜色为 RGB（255，255，255）；设置文字边框类型为描边在填充上，边框尺寸为"3px"；具体设置如图 10 – 25 所示。

（7）在时间线面板中，选择刚建立的文字层，按 < Ctrl + D > 快捷键复制出一个图层。展开变换选项，取消大小前面的链接并把参数设置为（100，– 100），并将其垂直反转。设置透明度为"33%"。用矩形工具绘制一个遮罩，具体设置及效果如图 10 – 26 所示。

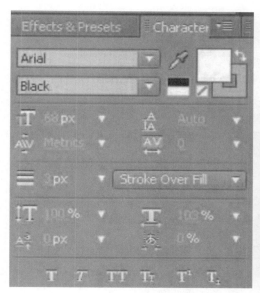

图 10 - 25   图 10 - 26

知识窗

AE 可以以轴心点为基准，对对象进行缩放，改变对象的比例。可以通过输入数值和拖动对象边框上的句柄对对象进行大小设置。在变换选项输入数值时，系统默认是等比例的缩放，如果要进行非等比例的缩放时，需断开大小数值前面的链接按钮，否则，都将是等比例缩放。

（8）制作文字从线条上升起的动画。选择两个文字层，在搜索器中输入"sc"，同时修改两个层的大小参数。将时间线指示器移动到 3s13 帧位置，打开大小前面的码表，设置大小的值为（100％，0&）。具体设置及效果如图 10 - 27 所示。

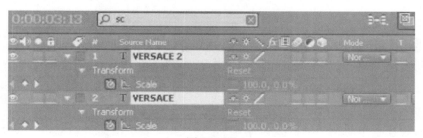

图 10 - 27

（9）在 4s4 帧处分别设置第一个文字图层的大小为（100％，- 100％），第二个文字图层的大小为（100％，100％）。按下小键盘的 <0> 键预览动画，文字已经由线条慢慢上升。具体设置及效果如图 10 - 28 所示。

4. 制作动态背景合成

（1）新建一个合成，命名为"舞动的彩带"合成，时间长度 6 秒。

图 10-28

（2）按 < Ctrl + Y > 快捷键新建一个固态层，将其命名为"背景1"。使用渐变特效为固态层做一个渐变效果，具体设置及效果如图 10-29 所示。

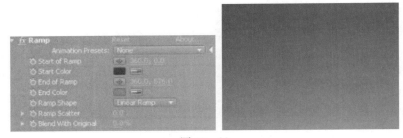

图 10-29

（3）将项目面板中的彩带模糊动画合成拖放到舞动的彩带合成时间线面板中，并打开三维开关。执行"特效→透视→基本3D"命令，为其制作一段有透视空间感的动画。分别在 3s14 帧位置和 5s7 帧位置添加关键帧。具体设置及效果如图 10-30所示。

（4）为背景制作动态的随机线条动画。按 < Ctrl + Y > 快捷键新建一个固态层，命名为"背景2"。执行"特效→颗粒 & 噪波→分形噪波"命令，在特效面板上进行参数设置，如图 10-31 所示。在时间线面板上设置图层模式为叠加。

（5）在特效面板中，设置 0 秒处的演化值如图 10-32（a）所示，效果如图 10-32（b）所示。5s10 帧处演化值如图 10-32（c）所示，效果如图 10-32（d）所示。

图 10 – 30

图 10 – 31

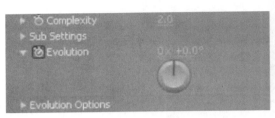

图 10 – 32（a）

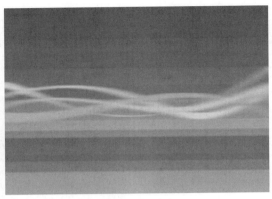

图 10 – 32（b）

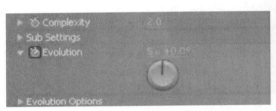

图 10 – 32（c）

图 10 – 32（d）

（6）为了让画面更加丰富和契合时尚主题，导入时尚卡通图片到项目面板中，并将其拖放到时间线面板的"彩带模糊动画"图层下面。加入渐变擦除特效，将时间指示器分别移动到2s18帧，3s12帧、3s09帧位置，添加关键帧。第1个、第3个关键帧的参数如图10 – 33（a）所示，第2个关键帧的参数如图10 – 33（b）所示，完成后的效果如图10 – 33（c）所示。

图 10 – 33（a）

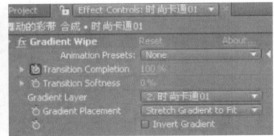

图 10 – 33（b）

（7）对"时尚卡通01"图层变换中的位置、大小、旋转设置关键帧，特效及关键帧位置设置如图10 – 34所示；然后导入"动感音效 . mp3"素材到时间线面板的最下一层。按数字键盘＜0＞进行预览。

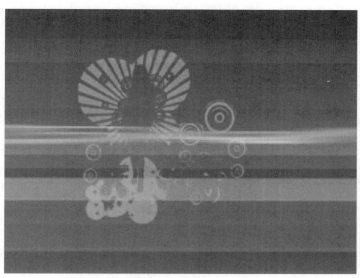

图 10 – 33 （c）

图 10 – 34

（8）按 < Ctrl + S > 快捷键保存工作文件，然后按 < Ctrl + M > 快捷键渲染输出。

（9）执行文件/收集素材，以便在其他计算机中打开此文件。成片最终效果如图 10 – 35所示。

图 10 – 35

知识窗

（1）AE 可以对剪辑的视频，在后期给予特效加工和技术处理，从而达到包装合成的目的。它能够让设计制作者使用快速、精确的方式制作出具有视觉创新革命的运动图像和特效，并将其运用到电影、视频、DVD 和网络上。AE 能够实现高质量视频，多层剪辑，有很强的精确性。读者在学习中应多欣赏优秀片源，多临摹制作，进而研究掌握如何对各类素材进行精确加工，怎样配合无与伦比的特效，产生丰富、美妙的视频效果的技艺方法。

（2）合成图像嵌套就是将一个合成图像作为另一个合成图像的素材来使用。通过合成图像的嵌套，可以有层次的组织项目，并且完成很多特殊的效果，创造一些充满动感真实生动的动画。例如，要完成一个汽车动画卡通，就需要嵌套合成图像。可以建立一个包含轮胎素材的 Comp1。在 Comp1 里，轮胎围绕它的中心点旋转。建立一个包含汽车在屏幕从左向右移动的画面的合成图像 Comp2。通过把 Comp1 嵌套进 Comp2，可以模拟车轮滚滚，汽车飞驰的场面，这里轮子在转，汽车在跑，而重要的是轮子并没有独立于汽车。

（3）预览和生成电影是一项复杂的工作，动画制作到一定阶段，应该通过预览观察效果，以便反复修改效果、调整参数。可以通过按数字键盘上的 <0> 键进行内存预览。通过按住 <Shift> 键，然后按 <0> 键的方法可以隔一帧进行预览以减少内存的需要。按空格键将结束预览。当合成图像做好以后，就可以生成电影了。

课堂练习

根据本项目学到的知识技能，设计一则有新意的公益广告宣传片版头。

小结

本项目以制作时尚服装品牌 VERSACE 的宣传片片头为例，介绍宣传版头的前期创意流程，AE CS5 创作宣传片片头采用的各种变形特效和多种合成之间的灵活切换技术。

能力拓展

关爱地球宣传片。

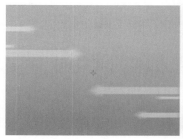

项目评议

班级＿＿＿＿＿＿＿＿＿　　　　姓名＿＿＿＿＿＿＿＿＿　　　　任课教师＿＿＿＿＿＿＿＿＿

	案例名称	工作态度（优良差）	讲授情况（优良差）	完成情况（优良差）			综合评价	
				出勤	纪律	作业	100分	日期
1								
2								
3								
4								
5								
6								
7								
8								
9								
10								

注：1. 该项目评议期中或期末由教务人员每班抽查5～10名学生。

　　2. 该项目评议将作为该教师本学期教学效果考核的一项重要内容。

招贴海报的制作

项目十一

项目描述

此案例重点让读者体会合成功能的应用，多个元素、多层合成离不开相关属性的设置。本例最终效果，如图 11-1 所示。

图 11-1 海报合成的最终效果

学习重点

- 掌握运用制作综合、复杂动画的技巧
- 掌握给素材层添加位移、缩放等关键帧的方法
- 了解特效插件的使用方法

任务实现

（1）选择菜单栏中的"合成→新建合成"命令，打开"合成设置"对话框，设置"合成名称"为"海报"，"宽"为720px，"高"为785px，"帧率"为25帧，并设置"持

续时间"为 2 秒，如图 11 - 2 所示。

（2）选择菜单栏中的"文件→导入→文件"命令，或在"项目"面板中双击，打开"导入文件"对话框，选择"海报 . psd"素材，在"导入类型"列表中选择"合成"选项，将素材以合成方式导入，如图 11 - 3 所示。

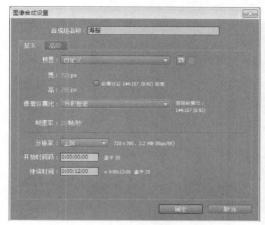

图 11 - 2　合成设置对话框

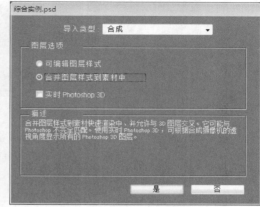

图 11 - 3　以合成方式导入素材

（3）双击进入"海报"合成，可以看到导入的" . psd 图像"的分层效果，如图 11 - 4 所示。

图 11 - 4　 . psd 图像的分层效果

（4）为避免其他元素的影响，在"海报"合成中，选中彩环图层前面的"solo"按钮隔离该图层进行单独显示。将时间线位置标尺调整到的 00：00：00：00 位置，按 < S > 键，打开"比例"选项，单击"比例"左侧的码表按钮，设置关键帧，设置"比例"的值为（0，0%）。将时间线位置标尺调整到 00：00：00：12 帧的位置，设置"比例"的值为（200，200%），系统会自动记录关键帧。将时间线位置标尺调整到 00：00：01：00 帧的位置，设置"比例"的值为（100，100%）。制作完成后的时间线窗口，如图 11 -5 所示。

图 11 -5　制作完成后的时间线窗口

（5）选中鲜花图层前面的"solo"按钮，隔离该图层进行单独显示。将时间线位置标尺调整到00：00：00：00的位置，单击工具栏中的"钢笔"工具按钮，使用"钢笔"工具在图像上绘制一个遮罩轮廓，并设置关键帧，如图11-6所示。

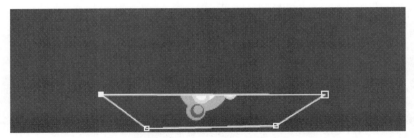

图 11-6　遮罩的绘制

（6）分别在12帧、1秒12帧、2秒、2秒12帧、3秒、3秒12帧、4秒这几个时间点，利用"选择工具"选择并进行调整，完成遮罩的绘制，系统工程将自动在这些时间上记录关键帧，同时设置遮罩的"羽化"值为5，如图11-7所示。

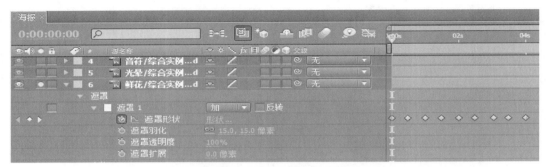

图 11-7　为遮罩设置关键帧

（7）选中音符图层前面的"solo"按钮隔离该图层进行单独显示。将时间调整到00：00：00：00的位置，给"比例"和"旋转"参数设置关键帧。设置"比例"的值为（0，0%），"旋转"的值为0。将时间线位置标尺移动到00：00：00：12的位置，设置障碍"比例"的值（30，30%），"旋转"的值为2。将时间线位置标尺移动到00：00：01：00的位置，设置"比例"的值为（60，60%），"旋转"的值为2。将时间线位置标尺移动到00：00：01：12的位置，设置"比例"的值为（100，100%），"旋转"的值为3，如图11-8所示。

图 11-8　音符图层关键帧的设置

（8）选中文字图层前面的"solo"按钮隔离该图层进行单独显示，将时间线位置标尺移动到0秒位置，选择（定位点工具），将图层的中心点调整到文字的中间位置，如图11－9所示。

图 11－9　调整文字图层的中心点

（9）取消后面的比例锁定功能，这时长宽可以单独调整。在0秒、12帧、1秒三个时间点，设置参数的关键帧为（0，0%）、（30，15%）、（100，100%），如图11－10所示。

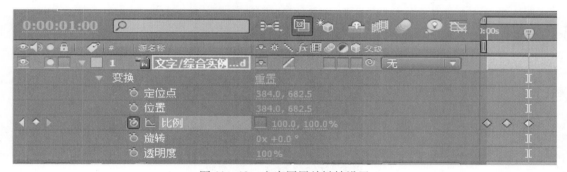

图 11－10　文字图层关键帧设置

（10）单击音箱图层，选择工具，调整图片中心点的位置，将图层的中心点调整到音箱底部的位置，如图11－11所示。

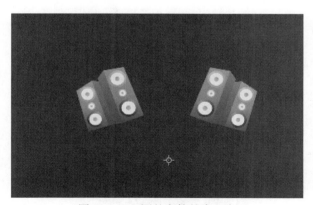

图 11－11　调整音箱的中心点

（11）选中音箱层的属性，在0秒、12帧、1秒三个时间点，设置参数的关键帧为

（45，45％）、（130，130％）、（100，100％），如图 11 - 12 所示。

图 11 - 12　音箱层关键帧设置

（12）选中音箱层次帧处的关键帧，单击鼠标右键，在弹出的快捷菜单中选择重新设置进入和离开关键帧的速率，使动画更加流畅、自然，如图 11 - 13 所示。

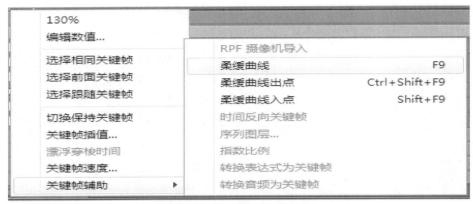

图 11 - 13　关键帧速率的修改

（13）单击乐队图层，选择工具，将图层的中心点调整到乐队图层的底部，如图 11 - 14 所示。

图 11 - 14　调整图层中心点位置

（14）打开该图层的 3D 开关，图层可以进行三维属性的设置。在 0 秒处，给"X 方向旋转"参数设置关键帧，设置"X 方向旋转"的关键帧值为（0，- 90）；在 1 秒处，设置"X 方向旋转"的关键帧值为（0＊，+0.0），如图 11 - 15 所示。

图 11 - 15　乐队图层"X 方向旋转"的关键帧设置

（15）选中"光晕"层，在 0 帧处给属性设置关键帧，设置属性值为（0，0%）；在 1 秒处，设置属性值为（200，200%），如图 11 - 16 所示。

图 11 - 16　光晕层的关键帧设置

（16）调整图层的出现左右顺序。拖动图层，设置各个图层出现的先后次序，确保每个元素配合节奏，在恰当的时间出现。调整后的图层次序如图 11 - 17 所示。至此，招贴海报制作完成。

图 11 - 17　调整各图层的出现次序

课堂练习

根据本项目学到的知识技能，设计一则有新意的海报的动画效果。

小结

　　本例首先以合成的方式导入素材，给素材添加位移、缩放等关键帧频命令；然后运用发光特效制作人物闪白效果，通过图层的三维属性开关进行关键帧设置；最后调整图层的顺序，制作出海报的动画效果。

能力拓展

　　1. 啤酒广告。

　　2. 节目预告导视。

项目评议

班级_____　　　　　姓名_____　　　　　任课教师_____

案例名称	工作态度（优良差）	讲授情况（优良差）	完成情况（优良差）			综合评价	
			出勤	纪律	作业	100分	日期
1							
2							
3							
4							
5							
6							
7							
8							

续表

	案例名称	工作态度（优良差）	讲授情况（优良差）	完成情况（优良差）			综合评价	
				出勤	纪律	作业	100 分	日期
9								
10								

注：1. 该项目评议期中或期末由教务人员每班抽查 5～10 名学生。

2. 该项目评议将作为该教师本学期教学效果考核的一项重要内容。